SHIYAN SHEJI YU SHUJU CHULI

试验设计与
数据处理

吕英海　于　昊　李国平　主编

化学工业出版社
·北京·

内 容 简 介

本书较全面、系统地分析了生物学与化学相关的统计分析与试验设计方法。主要内容包括：一、数据处理基本方法，主要有 t 检验、F 检验、卡方检验、方差分析和相关与回归分析等，还包括与实际操作相关的误差传递、异常值检验等；二、系统介绍了重要的试验设计与数据处理技术，如正交试验设计、均匀试验设计、拉丁方设计、裂区设计、响应面设计等，此外还包括黄金分割法等常用优选法；三、为了适应现代化教学的需求，在本书最后还深入浅出地讲述了常用数据处理软件，如分析响应面设计的 Design-Expert 软件，以及教学、科研中常用到的 Excel、Origin、SPSS 等数据处理和绘图软件。

图书在版编目（CIP）数据

试验设计与数据处理/吕英海，于昊，李国平主编 . —北京：化学工业出版社，2021.10（2025.1重印）
ISBN 978-7-122-39501-6

Ⅰ.①试…　Ⅱ.①吕…②于…③李…　Ⅲ.①化学工程-化学实验-试验设计-高等学校-教材②化学工程-化学实验-数据处理-高等学校-教材　Ⅳ.①TQ016

中国版本图书馆 CIP 数据核字（2021）第 135553 号

责任编辑：李　琰　宋林青　　　　　　　　文字编辑：邓　金　师明远
责任校对：杜杏然　　　　　　　　　　　　装帧设计：韩　飞

出版发行：化学工业出版社（北京市东城区青年湖南街 13 号　邮政编码 100011）
印　　装：北京天宇星印刷厂
787mm×1092mm　1/16　印张 12¼　字数 290 千字　　2025 年 1 月北京第 1 版第 5 次印刷

购书咨询：010-64518888　　　　　　　　　售后服务：010-64518899
网　　址：http://www.cip.com.cn
凡购买本书，如有缺损质量问题，本社销售中心负责调换。

定　　价：35.00 元　　　　　　　　　　　　　　　　版权所有　违者必究

《试验设计与数据处理》编写人员

主编：吕英海　于　昊　李国平

参编：牛海丽　魏　峰　王静静　雷林鑫

前　言

　　试验设计与数据处理是一门运用统计学的原理和方法，研究生物学与化学等学科数据资料，探讨如何从有限的数据信息中获取科学合理的结论，从而为进一步进行试验设计、资料整理与推论提供理论基础的学科。正确的统计分析能够帮助我们正确认识事物客观规律，是现代生物学与化学研究中不可缺少的工具。生物学与化学研究的对象是具有特殊变异性、随机性和复杂性的有机体，它的生长发育、生化反应容易受外界纷繁复杂因素的影响。如何合理地进行试验设计？如何科学地分析和整理数据？如何通过现有的数据资料来揭示生物生长、发育与利用的相关规律？这就需要我们运用统计学的方法来分析解决生物学或者化学的相关问题。

　　本书较全面、系统地涵盖了生物学与化学的统计与试验方法，同时兼顾生物医学、化学化工等交叉学科内容，是具有科学性、时代性、前沿性的试验设计与数据处理教材。它是生物学与化学相关专业试验设计与数据处理工作必备的指导工具，也是其他相关学科研究的重要参考书。同时它也可以指导各类实习与设计、大学生创新、创业大赛，培养学生形成良好的科研素养。在本书最后还介绍了软件处理数据方法，也符合目前信息社会对数据处理的要求，能紧跟时代发展，满足现代化教学的需要。本书附表、附图较多，能做到图文并茂，深入浅出。

　　本书由山东科技大学化学与生物工程学院的吕英海、于昊和莱芜职业技术学院李国平任主编，参加本书编写的还有山东科技大学化学与生物工程学院的牛海丽和王静静老师，研究生魏峰、雷林鑫等也参与了数据核算和格式整理，在此一并表示感谢。但由于编者水平有限，不足和疏漏之处在所难免，恳请读者批评指正。

　　本书配套课件，可联系如下邮箱索取：yli06@pku.edu.cn。

编者

2021 年 3 月

目　录

第一章　绪　论 ………………………………………… 1

第一节　生物统计学研究的目的与意义 ……………… 1

第二节　常用术语 ………………………………………… 1

　一、总体与样本 ………………………………………… 1

　二、参数与统计量 ……………………………………… 2

　三、因素与水平 ………………………………………… 2

　四、准确性与精确性 …………………………………… 2

　五、随机误差与系统误差 ……………………………… 2

第三节　统计学发展概况 ………………………………… 3

　一、古典记录统计学 …………………………………… 3

　二、近代描述统计学 …………………………………… 3

　三、现代推断统计学 …………………………………… 3

第四节　主要研究内容 …………………………………… 4

习题 ………………………………………………………… 4

第二章　基本概念与作图规范 ………………………… 5

第一节　平均数 …………………………………………… 5

　一、算术平均数 ………………………………………… 5

　二、中位数 ……………………………………………… 7

　三、几何平均数 ………………………………………… 8

第二节　方差、标准差和标准误 ………………………… 8

　一、意义与性质 ………………………………………… 8

　二、标准差的计算方法 ………………………………… 9

第三节　变异系数 ………………………………………… 11

第四节　统计表和统计图 ………………………………… 11

　一、统计表 ……………………………………………… 11

　二、统计图 ……………………………………………… 13

习题 ………………………………………………………… 16

第三章　误差和数据处理 ▰▰▰▰▰▰ 17

第一节　误差及其表示方法 ……………… 17

第二节　误差传递 ……………………… 17

　　一、系统误差的传递 ………………… 18

　　二、偶然误差的传递 ………………… 20

第三节　有效数字及运算规则 …………… 23

　　一、有效数字 ………………………… 23

　　二、数字修约规则 …………………… 23

　　三、运算规则 ………………………… 24

　　习题 ……………………………………… 24

第四章　几种常见的概率分布律 ▰▰▰▰▰ 26

第一节　二项分布 ……………………… 26

第二节　泊松分布 ……………………… 28

第三节　正态分布 ……………………… 29

　　习题 ……………………………………… 33

第五章　有限数据统计处理 ▰▰▰▰▰▰ 34

第一节　总体的参数估计 ……………… 34

第二节　一般的统计检验 ……………… 36

　　一、离群值检验 ……………………… 36

　　二、假设检验 ………………………… 39

　　习题 ……………………………………… 46

第六章　次数资料分析 χ^2 检验 ▰▰▰▰ 47

第一节　χ^2 分布 ………………………… 47

第二节　适合性检验 …………………… 48

第三节　独立性检验 …………………… 50

　　习题 ……………………………………… 54

第七章　方差分析 ▰▰▰▰▰▰▰▰ 56

第一节　方差分析的基本方法 …………… 57

一、残差平方和分解 ·············· 57

二、方差分析统计量 ·············· 58

第二节 单因素方差分析 ·············· 59

第三节 无重复两因素方差分析 ·············· 64

一、无重复两因素方差分析的数学模型 ······· 64

二、残差分解 ·············· 65

三、自由度 ·············· 65

四、方差分析表 ·············· 65

第四节 有重复两因素方差分析 ·············· 66

一、交互作用 ·············· 66

二、残差分解 ·············· 67

三、自由度 ·············· 68

四、 F 检验 ·············· 68

五、方差分析表 ·············· 68

习题 ·············· 71

第八章 优选法 ▰▰▰▰▰▰▰ 73

第一节 单因素优选法 ·············· 73

一、平分法 ·············· 73

二、黄金分割法（0.618法） ·············· 74

三、分数法 ·············· 74

四、抛物线法 ·············· 75

第二节 双因素优选法 ·············· 76

一、对开法 ·············· 76

二、旋升法 ·············· 77

三、爬山法 ·············· 77

习题 ·············· 79

第九章 试验设计 ▰▰▰▰▰▰▰ 81

第一节 试验设计的基本原则 ·············· 81

第二节 试验设计的方法 ·············· 82

一、配对设计 ·············· 82

二、完全随机化设计 ·············· 82

三、随机化完全区组设计 ·············· 83

四、拉丁方设计 ……………………………… 84

五、希腊-拉丁方设计 ……………………… 85

六、正交设计 ………………………………… 86

七、析因设计 ………………………………… 87

八、裂区设计 ………………………………… 89

习题 …………………………………………… 91

第十章　正交设计与均匀设计　93

第一节　正交表的特点与类型 …………………… 93

一、正交表的特点 …………………………… 93

二、正交表的分类 …………………………… 94

第二节　正交试验设计 …………………………… 95

一、正交试验设计步骤 ……………………… 95

二、表头设计 ………………………………… 95

三、有交互作用的试验设计 ………………… 96

第三节　正交试验的极差分析 …………………… 97

一、单指标正交试验的极差分析 …………… 97

二、多指标正交试验的极差分析 …………… 99

三、有交互作用正交试验的极差分析 …… 103

第四节　正交试验的方差分析 ………………… 105

一、方差分析 ……………………………… 105

二、混合水平正交试验的方差分析 ……… 107

三、有重复试验正交设计的方差分析 …… 108

第五节　均匀设计 ……………………………… 110

一、均匀设计表 …………………………… 110

二、均匀设计基本步骤 …………………… 111

三、均匀设计数据分析 …………………… 112

习题 ………………………………………… 113

第十一章　回归与相关　116

第一节　一元线性回归 ………………………… 117

一、直线回归方程的建立 ………………… 117

二、一元线性回归的显著性检验 ………… 119

三、直线回归的区间估计 ………………… 123

第二节　直线相关 ·· 124

一、相关系数和决定系数 ·································· 124

二、相关系数的显著性检验 ······························ 124

第三节　曲线回归 ·· 127

一、曲线回归分析概述 ·································· 127

二、Logistic 生长曲线 ·································· 127

第四节　多元线性回归分析 ·································· 129

一、多元线性回归方程的建立 ·································· 129

二、多元线性回归的检验与分析 ·································· 132

习题 ·· 134

第十二章　协方差分析 　　136

第一节　协方差分析概述 ·································· 136

第二节　单因素试验资料的协方差分析 ·································· 136

习题 ·· 141

第十三章　响应面优化法 　　143

第一节　响应面优化法简介 ·································· 143

第二节　响应面数据处理 ·································· 144

一、BBD 试验设计部分 ·································· 144

二、响应面分析部分 ·································· 144

习题 ·· 146

第十四章　数据处理软件的应用 　　148

第一节　Excel 软件的使用 ·································· 148

一、数据分析工具库的安装 ·································· 148

二、分析工具库在方差齐性检验中的应用 ·················· 148

三、Excel 在 t 检验中应用 ·································· 149

第二节　SPSS 软件的数据处理 ·································· 150

一、SPSS 的启动 ·································· 150

二、两因素方差分析 ·································· 150

三、正交试验设计与方差分析 ·································· 151

四、相关分析与回归分析 ·································· 152

第三节　Origin 在图形绘制中的应用 ·················· 153

一、双 Y 轴图 …………………………………… 153
二、数据回归与拟合…………………………………… 154
三、三维图的绘制…………………………………… 155
习题…………………………………………………… 157

附录 158

附录 1　正态分布表 ………………………………… 158
附录 2　t 分布的临界值表 ……………………… 161
附录 3　χ^2 分布的上侧临界值（χ^2_α）表 ……… 163
附录 4　F 检验的临界值（F_α）表 ……………… 166
附录 5　多重比较中的 Duncan 表 ………………… 170
附录 6　百分数的$\sin^{-1}\sqrt{P}$变换 ………………… 171
附录 7　相关系数检验表 …………………………… 175
附录 8　r 与 Z 的换算表 ……………………… 176
附录 9　F 值表（两尾，方差齐性检验用） ……… 177
附录 10　常用正交表 ……………………………… 179
附录 11　随机数字表 ……………………………… 182
参考文献……………………………………………… 184

第一章

绪 论

第一节　生物统计学研究的目的与意义

生物学研究的对象是具有特殊的变异性、随机性和复杂性的有机体，它的生长发育、生化反应容易受外界纷繁复杂多种因素的影响。因此，在生物学研究中，有很多生命活动规律被杂乱无章的数据所掩盖。所以考虑把数学的方法引入具体的生化、生理反应，从而把生物与化学领域具体的研究问题转变为数学问题，利用统计学方法从海量数据中探究规律。本课程解决的主要问题是如何科学合理地进行试验设计与利用数学方法整理分析数据，从而获得生化反应的内在规律。如何合理地进行试验设计？如何科学地分析和整理数据？如何通过现有的数据资料来揭示生物生长、发育与利用的相关规律？这就需要我们运用统计学的方法来分析解决生物学或者生物化学的相关问题，下面先就生物统计学相关的专业术语做一些说明。

第二节　常用术语

一、总体与样本

具有相同属性研究对象的全体称为总体，分为有限总体和无限总体。例如，自然界中的菌落数就是一个无限总体。在具体研究中，如果总体数过多；或者是无限总体；或者虽然总体数量有限，但是试验具有破坏性；或者费用昂贵，这时就需要从总体中抽取一定量的研究对象进行研究。从总体中抽取的若干个体就称作样本，每个个体称为样本单位（sample unit）。样本的个体数称作样本容量（sample size），常记为 n。通常把 $n \leqslant 30$ 的样本叫小样本，$n > 30$ 的样本叫大样本。试验设计与数据处理就是由样本推断总体的一门科学。从总体中抽取样本的方法有很多，常用的有以下几种：

① 单纯随机抽样（抽签或者随机数字表）；

② 系统随机抽样（每隔若干单位进行抽样）；

③ 分层抽样；

④ 整群抽样。

二、参数与统计量

数据处理中常用几个特征数来表示总体或样本的数量特征。其中由总体计算出的特征数叫参数（parameter），常用希腊字母表示，如总体平均数 μ、标准差 σ。而由样本计算出的特征数叫统计数或统计量（statistic），常用拉丁字母表示，如描述样本特征的样本平均数 $\bar{x}$、样本标准差 S；还有一些统计量如 u、t、F 等，也是为了统计分析而构造出来的。

三、因素与水平

因素（因子）就是指产生影响的要素或原因，如原料种类、料液比等，常用大写字母表示。水平是指因素所处的状态，如温度中可以有 $40℃$、$60℃$ 两个水平。不同因素水平的选择就会造成不同的试验结果，试验结果测量值常称为响应值或者输出，常用 y 表示。影响测量值的因素很多，因此要选择影响大的因素进行试验设计。常用的试验设计有单因素试验设计、两因素试验设计和多因素试验设计。

四、准确性与精确性

准确性（accuracy）也称准确度，是指某一试验指标的观测值与其真值的偏离程度。偏离程度越小，准确性越高。即 $|x-\mu|$ 越小，准确性越高。精确性则是指同一观测对象重复观测值之间的相符程度，可以用试验误差来衡量，误差越小，则精确性越高。可见，二者是两个侧重点不同的概念。准确性与精确性示意图见图 1.1。

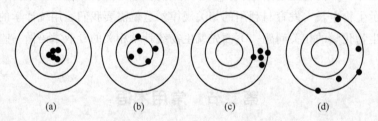

$$\text{(a)} \qquad \text{(b)} \qquad \text{(c)} \qquad \text{(d)}$$

图 1.1　准确性与精确性示意图

（a）观测值密集于真值 μ 附近，其准确性高，精确性亦高；（b）观测值较稀疏地分布于 μ 周围，其准确性高，但精确性偏低；（c）观测值密集分布于真值 μ 的一侧，但远离真值 μ，其准确性低，精确性高；（d）观测值稀疏地分布于远离真值 μ 的区域，其准确性、精确性都低

五、随机误差与系统误差

通常情况下，测量结果都有误差，误差自始至终存在于一切科学试验和测量的过程中，这就是误差公理。由某种确定的原因所引起的误差叫系统误差，它包括方法误差、仪器误差、试剂误差、操作误差、地理因素造成的误差。系统误差不能通过增加重复测定次数来加以消除。

由很多无法控制的偶然因素引起的误差称为随机误差，这种偶然因素来自方法本身、仪器、环境、操作等方面。偶然误差可以通过增加重复测定次数来减少，而且是服从统计规律的。

错误是由于工作出错造成测量值与真值的差异，也称为疏失误差。其产生原因是疏忽大意、操作不当等主观因素，如违反操作规程造成的数据错误。

第三节　统计学发展概况

统计学发展概况，大致可划分为古典记录统计学、近代描述统计学和现代推断统计学三种形态。

一、古典记录统计学

古典记录统计学（17世纪中叶至19世纪中叶）。统计学家拉普拉斯（P. S. Laplace，1749—1827）把古典概率论引入统计学。拉普拉斯发展了概率数学理论，提出了"拉普拉斯定理"即中心极限定理的一部分，建立了大样本推断的初步理论基础及抽样调查的方法。对概率论与统计学的结合研究作出贡献的另一位大数学家是德国的高斯（C. F. Gauss，1777—1855），他提出了"误差分布曲线"即高斯分布曲线，也就是人们常说的正态分布曲线。高斯还建立了最小二乘法，即利用观测值（y_i，x_i）来确定线性方程 $Y = \alpha + \beta x$ 的两个系数。

二、近代描述统计学

近代描述统计学（19世纪中叶至20世纪上半叶）。生物统计学派的创始人是英国的遗传学家高尔顿（F. Galton，1822—1911），他利用统计学的方法研究人体的特征，如身高、体重的遗传，寻找其遗传规律。还引入了中位数、百分位数、四分位数、四分位差以及分布、相关、回归等重要的统计学概念与方法。1889年，高尔顿提出"平均数离差法则"。他还认为子女的身高与父母的身高相关，遗传的身高向中等身高回归等论断。毕尔生（K. Pearson，1857—1936）把生物统计学上升到通用方法论高度。他对统计学的主要贡献有：首创的频数分布表与频数分布图；利用"相对斜率"的方法得到正态分布、矩型分布、J型分布、U型分布或铃型分布等12种分布函数；提出了"卡方检验法"（Test of χ^2）；得出了线性相关计算公式：$\sum(x-\overline{x})(y-\overline{y})/\sqrt{\sum(x-\overline{x})^2\sum(y-\overline{y})^2}$ 和回归方程式：$\hat{y} = a + bx$。

三、现代推断统计学

对现代推断统计学贡献最大的是英国统计学家哥塞特（W. S. Gosset，1876—1937）和费雪（R. A. Fisher，1890—1962）。哥塞特研究了样本标准差，于1908年创立了小样本检验的理论和方法，即 t 检验法，具有里程碑的意义。费雪提出了 F 检验法、随机区组法、拉丁方法和正交试验等方法。1913年，我国的统计学家顾澄翻译了《统计学之理论》，标志着统计学传入中国。1941年，密尔斯的《统计方法》译本对中国统计学界影响较大，其曾被推崇为统计学范本。1981年，中国数学家方开泰和王元提出了均匀设计（uniform design）理念，使得试验设计方法更加简便高效。

第四节　主要研究内容

本课程主要涵盖三部分内容：第一部分是数据处理，主要包括 t 检验、F 检验、卡方检验、方差分析和相关与回归分析以及误差传递、异常值检验等内容；第二部分主要包括一些重要的试验设计方法，如正交试验设计、均匀试验设计、响应面设计、区组设计、拉丁方设计、裂区设计等内容；第三部分是使用电脑软件进行数据处理，包括 Excel、Origin、SPSS 等软件的使用。本课程一般不探讨数学原理，而是侧重于统计原理的介绍和具体分析方法的应用。

1. 什么是总体、个体、样本、样本含量、随机样本？统计分析的两个特点是什么？

2. 什么是随机误差与系统误差？如何控制、降低随机误差，避免系统误差？

3. 统计学发展概况可分为哪几种形态？拉普拉斯、高斯、高尔顿、毕尔生、哥塞特、费雪各对统计学有何重要贡献？

第二章
基本概念与作图规范

变量的分布具有两个重要的基本特征：集中性和离散性。平均数（mean）反映了资料的集中性；反映离散性的特征数为变异数，常用指标有极差、方差、标准差（standard deviation）和变异系数等。标准差是用于反映一组变量离散性最常用的统计量。本章主要描述平均数和标准差的种类和计算方法。

第一节　平均数

平均数是计量资料的代表值，表示观测值的中心位置。它主要包括算术平均数（arithmetic mean）、中位数（median）、几何平均数（geometric mean）等，现分别介绍如下。

一、算术平均数

算术平均数是指资料中各观测值的总和除以观测值个数所得的商，简称平均数或均数，记为 $\bar{x}$。算术平均数可根据样本大小及分组情况而采用直接法或加权法计算。

（一）直接法

主要用于小样本或未经分组资料的平均数计算。

设某一资料包含 n 个观测值：x_1、x_2、$\cdots$、x_n，则样本平均数 $\bar{x}$ 可通过下式计算：

$$\bar{x} = \frac{x_1 + x_2 + \cdots + x_n}{n} = \frac{\sum\limits_{i=1}^{n} x_i}{n} \tag{2.1}$$

式中，$\sum$ 为总和符号；$\sum\limits_{i=1}^{n} x_i$ 为从第一个观测值 x_1 累加到第 n 个观测值 x_n 的和。当 $\sum\limits_{i=1}^{n} x_i$ 在意义上已明确时，可简写为 $\sum x$。

【例 2.1】　测定某种类型水体中 10 个样本的菌落数（单位：cfu）分别为 25、27、29、12、16、5、15、51、2、20，求其平均菌落数。

由于 $\sum x = 25 + 27 + 29 + 12 + 16 + 5 + 15 + 51 + 2 + 20 = 202$，$n = 10$

代入式(2.1) 得：$\overline{x}=\dfrac{\sum x}{n}=\dfrac{202}{10}=20.2$（kg）

即 10 个样本平均菌落数为 20.2kg。

（二）加权法

对于样本含量大或者已分组的资料，可以采用加权法计算平均数，计算公式为：

$$\overline{x}=\frac{f_1x_1+f_2x_2+\cdots+f_kx_k}{f_1+f_2+\cdots+f_k}=\frac{\sum\limits_{i=1}^{k}f_ix_i}{\sum\limits_{i=1}^{k}f_i}=\frac{\sum fx}{\sum f} \tag{2.2}$$

式中，x_i 为第 i 组的组中值；f_i 为第 i 组的次数；k 为分组数。

第 i 组的次数 f_i 是权衡第 i 组的组中值 x_i 在资料中所占比重的数量，因此将 f_i 称为 x_i 的"权"，加权法也由此而得名。

【例 2.2】 将 1402 名临产母亲的体重（kg）资料整理成次数分布表（表 2.1），求其加权数平均数。

表 2.1   1402 名临产母亲体重次数分布表

组别/kg	组中值(x)	次数(f)	fx
48～52	50	6	300
52～56	54	54	2916
56～60	58	162	9396
60～64	62	293	18166
64～68	66	359	23694
68～72	70	298	20860
72～76	74	140	10360
76～80	78	70	5460
80～84	82	17	1394
84～88	86	3	258
		1402	92804

利用式(2.2) 得：

$$\overline{x}=\frac{\sum fx}{\sum f}=\frac{92804}{1402}=66.19(\text{kg})$$

即这 1402 名临产母亲的平均体重是 66.19kg。

计算若干来自同一总体的算术平均数时，如果样本含量不等，也应采用加权法计算。

（三）平均数的基本性质

① 各观测值与平均数的差称残差或者离均差，离均差的代数和必等于零。

$$\sum_{i=1}^{n}(x_i-\overline{x})=0$$

② 离均差的平方和最小。

$$\sum_{i=1}^{n}(x_i-\overline{x})^2<\sum_{i=1}^{n}(x_i-a)^2（常数\ a\neq\overline{x}）$$

或简写为：$\sum(x-\overline{x})^2<\sum(x-\alpha)^2=\sum[x-(\overline{x}\pm\Delta)]^2=\sum(x-\overline{x})^2\pm2\sum(x-\overline{x})\Delta+n\Delta^2$。其中：$\sum(x-\overline{x})\Delta=0$。平均数代表的各个变数值，同时加上、减去、乘上或除以一个定值后的平均数，等于该平均数加上、减去、乘上或除以这个定值。

例如：
$$\sum(x+A)/n=\overline{x}+A$$

二、中位数

中位数（median）是一个位置指标，就是指一组观测值按大小排序后，位于中间的那个观测值，记为 M_d。如果观测值是偶数个，则以中间两个观测值的平均数作为中位数。

（一）直接法

当将观测值按照由小到大排序后：

① 当 n 为奇数时，　　　　　　$M_d=x_{(n+1)/2}$ 　　　　　　　　　　　　（2.3）

② 当 n 为偶数时，　　　　$M_d=\dfrac{x_{n/2}+x_{(n/2+1)}}{2}$ 　　　　　　　　　　（2.4）

（二）频数表法

若资料已分组，编制成次数分布表，则可利用次数分布表来计算中位数，其计算公式为：

$$M_d=L+\frac{i}{f}\times\left(\frac{n}{2}-c\right)$$ 　　　　　　　（2.5）

式中，L 为中位数所在组的下限；i 为组距；f 为中位数所在组的次数；n 为总次数；c 为小于中位数所在组的累加次数。

【例2.3】 表2.2为199名食物中毒患者潜伏期的分布情况，请根据此表计算中位数。

表2.2　199名食物中毒患者潜伏期的分布表

潜伏期/h	人数（f）	累加人数
0～12	30	30
12～24	71	101
24～36	49	150
36～48	28	178
48～60	14	192
60～72	6	198
72～84	1	199

由表2.2可知：$i=12$，$n=199$，因而中位数只能在累加人数为101所对应的"12～24"这一组，于是可确定 $L=12$，$f=71$，$c=30$，代入式（2.5）得：

$$M_d=L+\frac{i}{f}\times\left(\frac{n}{2}-c\right)=12+\frac{12}{71}\times\left(\frac{199}{2}-30\right)=23.75(h)$$

即食物中毒患者潜伏期的中位数为23.75h。

三、几何平均数

有些数据不呈正态分布，不适于计算算术平均数，要利用几何平均数来分析。几何平均数在计算百分比、比率、指数或增长率随时间推移的平均变动时非常有用。n 个观测值连乘之积开 n 次方所得的数值，称为几何平均数，记为 G。它在抗体的滴度、药物的效价等方面具有重要利用价值。其计算公式如下：

$$G = \sqrt[n]{x_1 x_2 x_3 \cdots x_n} = (x_1 x_2 x_3 \cdots x_n)^{\frac{1}{n}} \tag{2.6}$$

为了计算方便，可将各观测值取对数后相加除以 n，得 $\lg G$，再求 $\lg G$ 的反对数，即得 G 值，即

$$G = \lg^{-1} \left[\frac{1}{n} (\lg x_1 + \lg x_2 + \cdots + \lg x_n) \right] \tag{2.7}$$

【例 2.4】 某地 13 人接种疫苗后抗体滴度分别为 0.05、0.05、0.025、0.025、0.025、0.025、0.025、0.025、0.0125、0.0125、0.0125、0.00625、0.003125。其几何平均数计算如表 2.3 所示。

表 2.3 几何平均数计算表

滴度	$\lg x$	f	$f \lg x$
0.05	−1.30103	2	−2.60206
0.025	−1.60206	6	−9.61236
0.0125	−1.90309	3	−5.70927
0.00625	−2.20412	1	−2.20412
0.003125	−2.50515	1	−2.50515
		13	−22.63296

利用式(2.7)求几何平均数：

$$G = \lg^{-1} \left[\frac{1}{\sum f} \sum (f \lg x) \right] = \lg^{-1} \left[\frac{1}{13} \times (-22.63296) \right] = \lg^{-1}(-1.741) = 0.01816$$

即平均滴度为 0.01816。

第二节 方差、标准差和标准误

一、意义与性质

为了比较不同个数变量值资料的离散程度，可采用将离均差平方的办法来解决离均差之和为零的问题，故引入了方差的概念即 $\sum (x - \overline{x})^2 / n$。为了使得到的统计量是相应总体参数的无偏估计量，在求方差时，分母使用自由度 $n-1$，可以得到均方 $\sum (x - \overline{x})^2 / (n-1)$（mean square, MS），也称为样本方差，记为 S^2，即

$$S^2 = \sum (x - \overline{x})^2 / (n-1) \tag{2.8}$$

对应的总体参数称为总体方差，记为 σ^2。通常情况下，σ^2 的计算公式为：

$$\sigma^2 = \sum (x - \mu)^2 / N \tag{2.9}$$

为了使变量值离散程度指标的单位与相应均数的单位一致，习惯上将方差开平方。并把方差 S^2 的平方根叫作样本标准差，记为 S。标准差的大小能够较全面地反映一组变量的离散程度，标准差越大，说明离散程度越大，平均数的代表性越差；反之，平均数的代表性好。S 的计算公式为：

$$S = \sqrt{\frac{\sum (x - \overline{x})^2}{n-1}} \tag{2.10}$$

相应的总体标准差，记为 σ。对于有限总体而言，σ 的计算公式为：

$$\sigma = \sqrt{\sum (x - \mu)^2 / N} \tag{2.11}$$

在统计学中，常用样本标准差 S 估计总体标准差 σ。

由于
$$\begin{aligned}
\sum (x-\overline{x})^2 &= \sum (x^2 - 2x\overline{x} + \overline{x}^2) \\
&= \sum x^2 - 2\overline{x}\sum x + n\overline{x}^2 \\
&= \sum x^2 - 2\frac{(\sum x)^2}{n} + n\left(\frac{\sum x}{n}\right)^2 \\
&= \sum x^2 - \frac{(\sum x)^2}{n}
\end{aligned}$$

所以式（2.10）可改写为：

$$S = \sqrt{\frac{\sum x^2 - \dfrac{(\sum x)^2}{n}}{n-1}} \tag{2.12}$$

标准差的大小取决于观测值间的变异程度，观测值变化大，则标准差大，反之则小。在计算标准差时，在各观测值加上或减去一个常数，其数值不变。但是当每个观测值乘以或除以一个常数 a，则所得标准差是原来标准差的 a 倍或 $1/a$。

由于抽样的随机性，随机抽样的平均数之间必然存在偏差，这就会引起样本均数与总体均数的差异。因此，又引入了样本平均数的标准差，称为标准误，来描述抽样误差。总体均数的标准误为：

$$\sigma_{\overline{x}} = \frac{\sigma}{\sqrt{n}} \tag{2.13}$$

实际应用中，σ 通常未知，常用 S 代替，样本标准误的估计值为：

$$S_{\overline{x}} = \frac{S}{\sqrt{n}} \tag{2.14}$$

标准误可以用来估计抽样误差的大小，表示总体均数的置信区间及进行假设检验。

二、标准差的计算方法

（一）直接法

对于小样本或未分组的资料，可直接利用式（2.10）或式（2.12）来计算标准差。

【例 2.5】 计算 6 名女工血红蛋白含量（单位：g/L）分别为：118，122，98，104，122，122 的标准差。

此例 $n=6$，经计算得：$\sum x=686$，$\sum x^2=78996$，代入式（2.12）得：

$$S=\sqrt{\frac{\sum x^2-(\sum x)^2/n}{n-1}}=\sqrt{\frac{78996-686^2/6}{6-1}}=10.61$$

即 6 名女工血红蛋白含量的标准差为 10.61。

（二）加权法

大样本资料如果已制成次数分布表，最好采用加权法计算标准差。其计算公式为：

$$S=\sqrt{\frac{\sum f(x-\overline{x})^2}{\sum f-1}}=\sqrt{\frac{\sum fx^2-(\sum fx)^2/\sum f}{\sum f-1}} \tag{2.15}$$

式中，f 为各组次数；x 为各组的组中值；$\sum f=n$ 为总次数。

【例 2.6】 利用加权法计算 120 名工人舒张压（kPa）的标准差（见表 2.4）。

将表 2.4 中的 $\sum f$、$\sum fx$、$\sum fx^2$ 代入式（2.15）得：

$$S=\sqrt{\frac{\sum fx^2-(\sum fx)^2/\sum f}{\sum f-1}}=\sqrt{\frac{12314.85-1210.35^2/120}{120-1}}=0.948$$

即 120 名工人舒张压的标准差为 0.948。

表 2.4　120 名工人舒张压统计表

组段/kPa（1）	组中值 x（2）	频数 f（3）	fx（4）=（2）×（3）	fx^2（5）=（2）×（4）
7.7～8.1	7.9	1	7.9	62.41
8.1～8.5	8.3	4	33.2	275.56
8.5～8.9	8.7	9	78.3	681.21
8.9～9.3	9.1	13	118.3	1076.53
9.3～9.7	9.5	16	152.0	1444.00
9.7～10.1	9.9	17	168.3	1666.17
10.1～10.5	10.3	19	195.7	2015.71
10.5～10.9	10.7	15	160.5	1717.35
10.9～11.3	11.1	12	133.2	1478.52
11.3～11.7	11.5	10	115.0	1322.50
11.7～12.1	11.9	3	35.7	424.83
12.1～12.5	12.25	1	12.25	150.06
		120（$\sum f$）	1210.35	12314.85

第三节 变异系数

变异系数是衡量数据变异程度的另一个统计量。例如：不同计量单位的指标，不能直接用标准差比较它们的离散程度；或者虽然计量单位相同，但平均数差别很大，也不适合直接比较，这时需要用变异系数来比较。标准差与平均数的比值称为变异系数，记为 CV。变异系数可以消除单位和（或）平均数不同对资料变异程度比较的影响。

变异系数的计算公式为：

$$CV = \frac{S}{\bar{x}} \times 100\% \qquad\qquad (2.16)$$

【例 2.7】 测得某种胶树 58 株的平均茎围是 $\bar{x}_1 = 56\text{cm}$，标准差 $S_1 = 4.5\text{cm}$；平均干胶产量 $\bar{x}_2 = 35\text{g}$，标准差 $S_2 = 8.8\text{g}$，试比较茎围与干胶产量的变异系数。

茎围的变异系数：

$$CV_1 = \frac{S_1}{\bar{x}_1} \times 100\% = \frac{4.5}{56} \times 100\% = 8.0\%$$

干胶产量变异系数：

$$CV_2 = \frac{S_2}{\bar{x}_2} \times 100\% = \frac{8.8}{35} \times 100\% = 25.1\%$$

由于 CV_2 大于 CV_1，说明产量变异明显大于茎围变异。

此例中观测值单位不相同，只能用变异系数来比较其变异程度的大小。

注意，变异系数是一个相对值，没有单位，用百分比表示。它同时受平均数和标准差两个指标的影响，但不受样本单位不同或平均数差异较大的影响。

第四节 统计表和统计图

一、统计表

统计表使用表格形式来表示统计分析事物的数量关系，使用统计表代替冗长的文字叙述，可清晰表述数据，便于比较分析。统计表制作时：第一要重点突出，一张表只表达一个中心内容；第二要层次清晰，符合逻辑。

（一）统计表的结构和要求

统计表由标题、标目、线条、数字 4 部分构成，数字区域不允许插入文字，必须说明时，可用"*"号标出，写在表外下方。其基本格式如下：

1. 标题

表的名称，在表的上方正中央处，要高度概括表内研究的时间、地点和研究内容，可以在左侧加表序号。

2. 标目

表格内的项目分横标目和纵标目两项，用以指明表内数字含义，文字简明，有单位的要注明计算单位，如%、kg、cm 等。有时要在横标目或纵标目上冠上总标目。

3. 数字

一律用阿拉伯数字，数字以小数点对齐，小数位数一致，无数字的用"—"表示；暂缺或未记录数字，用"…"表示；数字是"0"的，则填写"0"。

4. 线条

线条力求简洁，常采用 3 线表，即顶线、底线、纵标目下横线。顶线和底线将表格与文章其他部分分隔开，纵标目下横线将标目的文字区与表格的数字区隔开。

(二)统计表的种类

统计表可根据纵、横标目是否有分组分为简单表和复合表。

1. 简单表

只按单一特征或标志分组的统计表称为简单表。由一组横标目和一组纵标目组成，适用于简单资料的统计，见表 2.5。

表 2.5　统计表的基本格式

横标目的总标目	纵标目的总标目			↑ 顶线
	纵标目 1	纵标目 2	…	
横标目 1				
横标目 2		数字区		
…				
合计				底线 ↓

具体实例见表 2.6。

表 2.6　某地某年流行性脑脊髓炎病型与病死率

病型	病人数	死亡人数	病死率/%
菌血型	118	8	6.78
脑型	819	52	5.92
混合型	928	26	2.80
合计	1865	86	4.61

2. 复合表

按两种或两种以上特征或标志结合分组的表称为复合表。由两组或两组以上的横标目和（或）纵标目结合而成。此类表适用于复杂数据的整理，见表 2.7。

表 2.7　几种动物性食品的营养成分

品别	百分比/%					
	蛋白质	脂肪	糖类	无机盐	水分	其他
牛奶	3.3	4.0	5.0	0.7	87.0	—
牛肉	19.2	9.2	—	1.0	62.1	8.5
鸡蛋	11.9	9.3	1.2	0.9	65.5	11.2
咸带鱼	15.5	3.7	1.8	10.0	29.0	40.0

二、统计图

统计图是用点的位置、线段的升降、直条的长短、面积的大小来陈述需要说明的事物。与统计表相比，统计图更简明具体、形象生动，更易于理解和记忆，更便于分析比较。但是统计图常常不能获得确切的数值，所以其不能完全代替统计表。常见的统计图有长条图（bar chart）、圆图（pie chart）、散点图（scatter chart）、直方图（histogram）和折线图（broken-line chart）等。

（一）统计图绘制的基本要求

① 根据资料性质和分析目的选择合适的统计图，标题位于图的下方，左侧加图序号。

② 纵、横两轴应有刻度，并注明单位。横轴由左至右，纵轴由下而上，纵、横轴长度比例一般为5∶7或7∶5。

③ 图中需用不同颜色或线条代表不同事物时，应有图例说明。图例的位置较灵活，以整图平衡美观为基本原则。

④ 在 Excel 绘图时，坐标轴比例尺的确定对于信息的正确表达也是非常重要的。坐标分度一般采用如下方法：在变量 x 与 y 的误差 Δx、Δy 已知时，比例尺应使试验"点"的边长为 $2\Delta x$、$2\Delta y$，且使 $2\Delta x = 2\Delta y = 1\sim 2mm$。如果测量数据的误差 Δx、Δy 未知，则坐标轴的比例常数推荐使用$(1、2、5)\times 10^{\pm n}$（n 为正整数），其他3、6、7、8 等比例常数则不可用。

（二）常用统计图及其绘制方法

一般情况下，表示相互独立的指标大小常用直条图，表示全体中各部分比重常用百分直条图或者圆图，表示连续性资料的发展变化常用折线图，比较事物发展速率常用半对数图，表示连续性资料的频数分布用直方图，而表示两事物关系常用散点图。

1. 长条图

它用等宽长条的长短或高低来表示按某一研究指标划分属性种类或等级的次数或频率分布，分为单式长条图（见图 2.1）、复式长条图等。横轴应该作为基线，纵轴尺度从"0"开始，间隔相等，标明单位。间隔的宽度可以与长条宽度相同或是其一半。同一属性种类、等级的长条间不留间隔。复式长条图，要用不同线条或颜色区别开不同项目。

2. 圆图

圆图也叫饼图，利用圆和扇形来表示总体和部分的关系，常用来表示计数资料、质量性状资料或半定量（等级）资料的构成比（见图 2.2）。圆图每 3.6°圆心角所对应的扇形面积

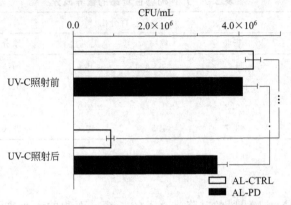

图 2.1　紫外灯照射 10min 后，包被细胞菌落总数变化

为 1％。以时钟 9 时或 12 时为起点，按一定顺序顺时针方向排列各项指标。使用简要文字及百分比标注，或者附上图例。

如根据表 2.7 中的数据用圆图绘出四种动物性食品的营养成分，见图 2.2。

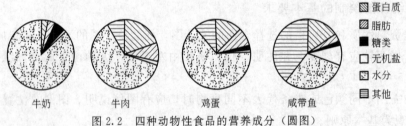

图 2.2　四种动物性食品的营养成分（圆图）

3. 折线图

拆线图也称频数多边形图，是在直方图的基础上，把直方图顶部的中点（即组中值）用直线连接起来，再把原来的直方图抹掉（图 2.3）。当对数据所分的组数很多时，组距会越来越小，这时折线图就变成了曲线图，曲线图也有着广泛应用。

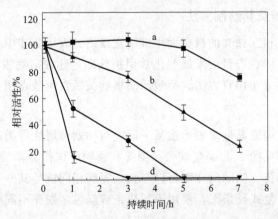

图 2.3　暴露在 UV-C 射线下的酵母@生物杂化壳的相对活性
a—酵母@生物杂化壳＋新鲜培养基；b—酵母@生物杂化壳＋无培养基溶液；
c—天然酵母＋新鲜培养基；d—天然酵母＋无培养基溶液

4. 直方图（柱形图、矩形图）

直方图是用直方形的宽度和高度来表示次数分布的图形，即用矩形面积来表示各组的频数分布或频率分布。其中，横轴表示各组组距，纵轴表示频数或频率，然后依据各组组距的宽度和次数的高度绘制直方图（图 2.4）。如果是异距数列，则需按照频数密度绘制直方图。

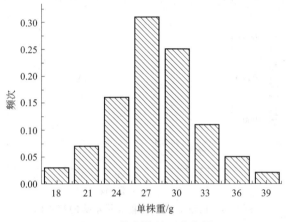

图 2.4　作物单株重直方图

这里还要注意区分直方图和条形图，二者形式类似，却是完全不同的统计图。一是直方图是用面积表示频数的差异，矩形的高度表示每组的频数或频率，宽度则用组距表示，其高度与宽度均有意义；条形图是用条形的长度（横置时）表示各组的频数，其宽度（即类别）是固定的。二是由于分组数据有连续性，直方图的各矩形间没有间隔，是连续排列的；而条形图则是分开排列的。三是直方图多用于变量数列，条形图主要用于品质数列。

5. 散点图

散点图多用于相关回归分析的预分析，表示两个不同指标变化关系，图中常用点的密集程度和散布趋势来表示两指标间的相关关系及方向。散点图与折线图不同的是，对于横轴上的每个值，纵轴上可以有多个点与其对应，且点与点之间不能用直线连接（图 2.5）。

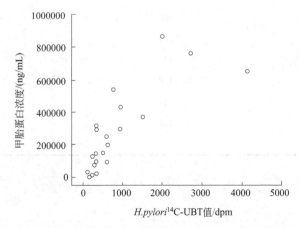

图 2.5　幽门螺杆菌感染与原发性肝癌危险因素相关性散点图

6. 箱式图

箱式图常用来显示数据的集中程度和分散程度。中心位置用 P_{50} 表示，箱子的宽度为四分位数间距（$P_{75} - P_{25}$），箱外延长线表示极差（$X_{max} - X_{min}$），具体实例见图 2.6。

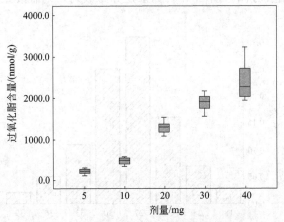

图 2.6 剂量对过氧化脂含量影响的箱式图

1. 简述利用计算器求平均数、方差、标准差的操作步骤。

2. 10 头母猪第一胎的产仔数（单位：头）分别为：9、8、7、10、12、10、11、14、8、9。试利用计算器计算这 10 头母猪第一胎产仔数的平均数、标准差和变异系数。

3. 随机测量了某品种 120 头 6 月龄母猪的体长，经整理得到如下次数分布表（表 2.8）。试利用加权法计算其平均数、标准差与变异系数。

表 2.8 猪体长次数分布表

组别	组中值(x)	次数(f)
80～88	84	2
88～96	92	10
96～104	100	29
104～112	108	28
112～120	116	20
120～128	124	15
128～136	132	13
136～144	140	3

第三章
误差和数据处理

第一节　误差及其表示方法

在数据分析过程中，重视误差分析和控制误差的传递和扩散是十分必要的，没有误差分析的测量结果是不可信的。测量误差主要包括两种：绝对误差和相对误差。测量值与真值的差称为绝对误差，可以用公式表示为：

$$\delta = x - \mu \tag{3.1}$$

式中，δ 为绝对误差；x 为测量值；μ 为真值。

绝对误差与测量值的单位相同。绝对误差的大小反映了近似值 x 的准确程度，但是，绝对误差的大小却不能恰当反映一个近似值的准确程度，为此引入了相对误差。绝对误差与真值的比值称为相对误差，它没有单位，常以％或者‰表示。在实际应用中，通常真值未知，可以用多次测量值的算术平均值 $\bar{x}$ 代替真值。相对误差更能反映误差的严重程度，在误差分析中比绝对误差更重要。

$$相对误差 = \frac{\delta}{\mu} \times 100\%$$

测定某药品的百分含量为 99.39％，而其实际含量为 99.73％。计算此测定结果的绝对误差和相对误差。

绝对误差：99.39％－99.73％＝－0.34％

相对误差：－0.34％/99.73％＝－0.34％

第二节　误差传递

有些物理量，如长度等是可以直接测量的。但在定量分析试验中，组分的含量等间接测量值，常需通过质量、体积或其他物理量的测量值按照一定公式进行推算。由于每次测量都会存在误差，这些误差都会反映到分析结果中。也就是说，每一步测量的误差都会以某种方式传递到最终结果中。误差的传递与各测量值的误差性质、大小有关，也与计算公式相关。下面依据误差性质分别进行讨论。

一、系统误差的传递

设 A、B、$C\cdots$ 是不同物理量的直接测量值，分析结果 R 与 A、B、$C\cdots$ 之间的函数关系为：

$$R = f(A, B, C\cdots) \tag{3.2}$$

设 dA、dB、$dC\cdots$ 分别为各测量值的绝对误差，则分析结果 R 的误差 dR 可以通过对各个自变量的偏微分来求全微分：

$$dR = \frac{\partial R}{\partial A} dA + \frac{\partial R}{\partial B} dB + \frac{\partial R}{\partial C} dC \cdots \tag{3.3}$$

式(3.3)是误差传递的一般公式，若将具体的函数关系代入此式，即可得到具体的误差传递计算公式。

1. 加减运算

对于：

$$R = A - bB + C \tag{3.4}$$

$$dR = \frac{\partial R}{\partial A} dA + \frac{\partial R}{\partial B} dB + \frac{\partial R}{\partial C} dC = dA - b\,dB + dC \tag{3.5}$$

对于有限量：

$$\Delta R = \Delta A - b\Delta B + \Delta C \tag{3.6}$$

即：在加减运算中，分析结果的绝对误差等于各测量值绝对误差的代数和。

2. 乘除运算

$$R = k\frac{AB}{C} \tag{3.7}$$

$$dR = \frac{\partial R}{\partial A} dA + \frac{\partial R}{\partial B} dB + \frac{\partial R}{\partial C} dC = \frac{kB}{C} dA + \frac{kA}{C} dB - \frac{kAB}{C^2} dC \tag{3.8}$$

所以有：

$$\frac{dR}{R} = \frac{dA}{A} + \frac{dB}{B} - \frac{dC}{C} \tag{3.9}$$

$$\frac{\Delta R}{R} = \frac{\Delta A}{A} + \frac{\Delta B}{B} - \frac{\Delta C}{C} \tag{3.10}$$

即：在乘除运算中，分析结果的相对误差等于各测量值相对误差的代数和。

3. 对数运算

$$R = k + n\ln A \tag{3.11}$$

$$dR = \frac{\partial R}{\partial A} dA = n\frac{dA}{A} \tag{3.12}$$

$$\Delta R = n\frac{\Delta A}{A} \tag{3.13}$$

4. 指数运算

$$R = k + A^n \tag{3.14}$$

$$dR = \frac{\partial R}{\partial A}dA = nA^{n-1}dA \tag{3.15}$$

$$\Delta R = nA^{n-1}\Delta A \tag{3.16}$$

【例3.1】　在配制 1L NaOH 标准溶液（准确浓度为 0.1003mol/L）时，用减重法称得 4.0133g NaOH 基准试剂，定量于 1L 容量瓶中。问配得的 NaOH 标准溶液浓度的相对误差、绝对误差和真实浓度各是多少？假设减重前的称量误差是 +0.2mg，减重后的称量误差是 -0.3mg，容量瓶的真实容积为 999.78mL。

解：NaOH 标准溶液的浓度按下式计算：

$$c_{NaOH} = \frac{m}{M_{NaOH} \times V}(mol/L) \tag{3.17}$$

因上式属乘除运算，则系统误差对结果的影响为：

$$\frac{\delta c_{NaOH}}{c_{NaOH}} = \frac{\delta m_{NaOH}}{m_{NaOH}} - \frac{\delta M_{NaOH}}{M_{NaOH}} - \frac{\delta V}{V} \tag{3.18}$$

又因为 $m_{NaOH} = m_前 - m_后$，所以 $\delta m_{NaOH} = \delta m_前 - \delta m_后$。而摩尔质量 M_{NaOH} 为约定真值，可以认为 $\delta M_{NaOH} = 0$，于是：

$$\frac{\delta c_{NaOH}}{c_{NaOH}} = \frac{\delta m_前 - \delta m_后}{m_{NaOH}} - \frac{\delta V}{V} = [+0.2 - (-0.3)]/4013.3 - 0.22/1000$$

$$= 0.00012 - 0.00022 = -0.0001 = -0.01\%$$

即 NaOH 标准溶液的相对误差为 -0.01%。

绝对误差 $\delta c_{NaOH} = -0.01\% \times 0.1003mol/L = -0.00001mol/L$

真实浓度 $c_{NaOH} = 0.1003mol/L - (-0.00001mol/L) = 0.10031mol/L$。与准确浓度 0.1003mol/L 相比，差异不显著。

【例3.2】　计算在吸光光度法中，吸光度为何值时测定结果的相对误差最小。

解：

根据比耳定律：

$$A = -\lg T = -\frac{1}{2.303}\ln T \tag{3.19}$$

$$dA = -\frac{1}{2.303} \times \frac{dT}{T} = -0.4343 dT 10^A \tag{3.20}$$

$$A = abc（朗伯-比耳定律） \tag{3.21}$$

$$E_r = \frac{dc}{c} = \frac{dA}{A} \tag{3.22}$$

所以 $E_r = \frac{dc}{c} = \frac{dA}{A} = -0.4343 dT \frac{10^A}{A}$

欲使相对误差最小，A 须满足如下方程：

$$\frac{\mathrm{d}E_r}{\mathrm{d}A} = -0.4343\mathrm{d}T\,\frac{\mathrm{d}\left(\dfrac{10^A}{A}\right)}{\mathrm{d}A}$$

$$= -0.4343\mathrm{d}T\,\frac{10^A}{A^2}(A\ln 10 - 1)$$

$$= 0$$

即：
$$A\ln 10 - 1 = 0$$

所以：

$$A = \frac{1}{\ln 10} = 0.4343$$

结果表明，透光率误差 $\mathrm{d}T$ 一定，当吸光度 $A = 0.4343$（$T = 36.8\%$）时测定结果的相对误差最小。所以在吸光光度法中，应尽可能将吸光度调整在 0.4343 附近，根据实际情况，一般调整在 $0.2\sim0.8$ 之间。调整的办法有稀释溶液、更换比色皿、改变称样量等。

二、偶然误差的传递

由于偶然误差的不可定特性，无法预知它的正负及对最终结果的确切影响。常用的推断方法是极值误差法和标准偏差法。

1. 极值误差法

（1）加减运算：假定运算公式为 $R = X + Y - Z$，X、Y 和 Z 的最大误差分别是 ΔX、ΔY 与 ΔZ，则最终结果 R 的极值误差为：

$$\Delta R = |\Delta X| + |\Delta Y| + |\Delta Z| \tag{3.23}$$

（2）乘除运算：假定运算公式是 $R = XY/Z$，则 R 的极值相对误差可以表示为：

$$\frac{\Delta R}{R} = \frac{|\Delta X|}{X} + \frac{|\Delta Y|}{Y} + \frac{|\Delta Z|}{Z} \tag{3.24}$$

可以看出：不论加和减，结果的绝对误差等于各项的绝对误差之和，有系数时须按系数倍数放大；不论乘和除，结果的相对误差等于各项的相对误差之和，与系数无关。

【例 3.3】 滴定分析中，欲使 50mL 滴定管读数的相对误差不超过 $\pm1‰$，设计试验时滴定剂的最少消耗量应是多少？

解：50mL 滴定管的最小分度为 0.1mL，可估读至 0.01mL，因而每个读数可能有 ±0.01mL 的最大不确定性。而任一滴定剂消耗体积的数值均由终读数减初读数获得，因此滴定剂消耗体积可能有 ±0.02mL 的最大不确定性。为使其影响不超过 $\pm1‰$，滴定剂的消耗量应不少于 20mL。

2. 标准偏差法

只有标准偏差才能更好反映分析结果分布的离散程度，求得测量值的标准偏差与分析结果标准差的关系，是解决随机误差传递最科学的方法。

设 $R=f(A,B,C\cdots)$，对 A、B、$C\cdots$ 均测量 n 次，则可得到 n 个 R 值，据式(3.3)，有：

$$\mathrm{d}R_i = \frac{\partial R}{\partial A}\mathrm{d}A_i + \frac{\partial R}{\partial B}\mathrm{d}B_i + \cdots \tag{3.25}$$

两边取平方，得：

$$(\mathrm{d}R_i)^2 = \left(\frac{\partial R}{\partial A}\right)^2(\mathrm{d}A_i)^2 + \left(\frac{\partial R}{\partial B}\right)^2(\mathrm{d}B_i)^2 + 2\times\frac{\partial R}{\partial A}\times\frac{\partial R}{\partial B}\mathrm{d}A_i\mathrm{d}B_i + \cdots \tag{3.26}$$

由于各物理量都进行了 n 次测量，求和得：

$$\sum_{i=1}^{n}(\mathrm{d}R_i)^2 = \sum_{i=1}^{n}\left(\frac{\partial R}{\partial A}\right)^2\sum_{i=1}^{n}(\mathrm{d}A_i)^2 + \sum_{i=1}^{n}\left(\frac{\partial R}{\partial B}\right)^2\sum_{i=1}^{n}(\mathrm{d}B_i)^2 + 2\times\frac{\partial R}{\partial A}\times\frac{\partial R}{\partial B}\sum_{i=1}^{n}\mathrm{d}A_i\mathrm{d}B_i + \cdots$$
$$\tag{3.27}$$

根据正态分布规律，当 $n\to\infty$，大小相等、符号相反的误差出现的概率是相等的，因此各 2 倍项之和趋于零。于是上式仅剩下平方项：

$$\sum_{i=1}^{n}(\mathrm{d}R_i)^2 = \sum_{i=1}^{n}\left(\frac{\partial R}{\partial A}\right)^2\sum_{i=1}^{n}(\mathrm{d}A_i)^2 + \sum_{i=1}^{n}\left(\frac{\partial R}{\partial B}\right)^2\sum_{i=1}^{n}(\mathrm{d}B_i)^2 + \cdots \tag{3.28}$$

两边同除以 n：

$$\frac{\sum_{i=1}^{n}(\mathrm{d}R_i)^2}{n} = \sum_{i=1}^{n}\left(\frac{\partial R}{\partial A}\right)^2\frac{\sum_{i=1}^{n}(\mathrm{d}A_i)^2}{n} + \sum_{i=1}^{n}\left(\frac{\partial R}{\partial B}\right)^2\frac{\sum_{i=1}^{n}(\mathrm{d}B_i)^2}{n} + \cdots \tag{3.29}$$

即：

$$\sigma_R^2 = \left(\frac{\partial R}{\partial A}\right)^2\sigma_A^2 + \left(\frac{\partial R}{\partial B}\right)^2\sigma_B^2 + \cdots \tag{3.30}$$

对于有限次测定，有：

$$S_R^2 = \left(\frac{\partial R}{\partial A}\right)^2 S_A^2 + \left(\frac{\partial R}{\partial B}\right)^2 S_B^2 + \cdots \tag{3.31}$$

即分析结果 R 的方差是各测量值方差乘以 R 对各值偏导数的平方之和。

（1）加减运算

$$R = A + mB - nC \tag{3.32}$$

即：
$$S_R^2 = S_A^2 + m^2 S_B^2 + n^2 S_C^2 \tag{3.33}$$

（2）乘除运算

$$R = m\frac{AB}{C} \tag{3.34}$$

即：
$$\frac{S_R^2}{R^2} = \frac{S_A^2}{A^2} + \frac{S_B^2}{B^2} + \frac{S_C^2}{C^2} \tag{3.35}$$

（3）对数运算

$$R = k + n\ln A \tag{3.36}$$

即：
$$S_R^2 = \left(\frac{n}{A}\right)^2 S_A^2 \tag{3.37}$$

（4）指数运算

$$R = k + A^n \tag{3.38}$$

即：
$$S_R^2 = (nA^{n-1})^2 S_A^2 \tag{3.39}$$

【例3.4】 重量分析法测定 Ba 的含量，称取试样 0.7000g，最后得到 $BaSO_4$ 沉淀 0.6657g。

已知天平一次称量的标准偏差 S 为 0.1mg，计算分析结果的标准偏差。

解：

Ba 含量的计算公式如下：

$$w_{Ba} = \frac{m(BaSO_4) \times \frac{M(Ba)}{M(BaSO_4)}}{m(s)} = \frac{0.6657 \times \frac{137.33}{233.39}}{0.7000} = 55.96\%$$

由式（3.35）有：

$$\left(\frac{S_w}{w}\right)^2 = \left[\frac{S_m(s)}{m(s)}\right]^2 + \left[\frac{S_m(BaSO_4)}{m(BaSO_4)}\right]^2$$

由于称量试样应按二次称量计（调零一次，称量一次），则：

$$S_m(s) = \sqrt{S^2 + S^2} = \sqrt{2} S$$

称取 $BaSO_4$ 沉淀之前应先称空坩埚质量（二次称量），再称坩埚加沉淀的质量（二次称量），因此应按 4 次称量计：

$$S_m(BaSO_4) = \sqrt{4} S = 2S$$

所以：

$$\left(\frac{S_w}{w}\right)^2 = \left(\frac{\sqrt{2} \times 0.0001}{0.7000}\right)^2 + \left(\frac{2 \times 0.0001}{0.6657}\right)^2 = 1.31 \times 10^{-7}$$

$$\frac{S_w}{w} = 0.036\%$$

$$S_w = w \times 0.036\% = 55.96\% \times 0.036\% = 0.02\%$$

【例3.5】 如果样本（应视为大样本）标准偏差为 σ，求证平均值的标准偏差为 $\sigma_{\bar{x}} = \frac{\sigma}{\sqrt{n}}$。

证明：因为 $\bar{x} = \frac{1}{n}(x_1 + x_2 + \cdots) = \frac{1}{n}x_1 + \frac{1}{n}x_2 + \cdots + \frac{1}{n}x_n$

所以 $\sigma_{\bar{x}}^2 = \left(\frac{\partial \bar{x}}{\partial x_1}\right)^2 \sigma_{x_1}^2 + \left(\frac{\partial \bar{x}}{\partial x_2}\right)^2 \sigma_{x_2}^2 + \cdots + \left(\frac{\partial \bar{x}}{\partial x_n}\right)^2 \sigma_{x_n}^2$

$$= \left(\frac{1}{n}\right)^2 \sigma_{x_1}^2 + \left(\frac{1}{n}\right)^2 \sigma_{x_2}^2 + \cdots + \left(\frac{1}{n}\right)^2 \sigma_{x_n}^2$$

又因为各次测量等精度，

所以 $\sigma_{x_1} = \sigma_{x_2} = \cdots = \sigma_{x_n}$

所以 $\sigma_{\bar{x}}^2 = \sum_{i=1}^{n} \left(\frac{1}{n}\right)^2 \sigma^2 = n \times \frac{1}{n^2}\sigma^2 = \frac{\sigma^2}{n}$

所以 $\sigma_{\bar{x}} = \frac{\sigma}{\sqrt{n}}$

第三节　有效数字及运算规则

一、有效数字

有效数字（significant figure）是测量中得到的有实际意义的数字。在实际分析工作中，应根据测量仪器和分析方法的精度来正确记录和使用测定结果。记录的数据既能准确表示测量结果的数量，又能如实反映测量的精度。有效数字可以分为两部分，一部分是直读测量仪器获得的准确可靠数字，另一部分最后一位估读的数字，叫作可疑数字。例如，在滴定实验中，最终数值是 20.32mL，而最后一位就是根据滴定剂凹液面估读的可疑数字。有效数字位数是从第一个非零数字开始的所有数字位数。如 20.4567，有效数字为 6 位；0.00378，有效数字为 3 位；0.23400，有效数字为 5 位。

在确定有效数字时，应注意以下几点：

① 在 0~9 中，只有 0 既是有效数字，又是定位数字。例如，在 0.06050 中，第一个非零数字前面的两个"0"仅起定位作用，而后面的两个"0"则是试验测得的数字，是有效数字。

② 单位变换不影响有效数字的位数。如用分析天平称得试样质量 0.6700g，有 4 位有效数字。当用千克（kg）为单位时，结果应为 0.0006700kg，非零数字前的 4 个"0"仅起定位作用。当用毫克（mg）为单位时，结果应记为 670.0mg。若记为 670mg，则变成 3 位有效数字了，测量精度发生了改变。

③ pH、pM、pK 等，有效数字取决于小数部分的位数，整数部分只表示该数值的次方。例如，在以下 pH 和对应的氢离子平衡浓度 [H^+] / (mol/L) 中，有

pH=11.20　[H^+]=6.3×10^{-12}　　pH=11.02　[H^+]=9.5×10^{-12}

pH=10.20　[H^+]=6.3×10^{-11}　　pH=10.02　[H^+]=9.5×10^{-11}

pH=9.20　[H^+]=6.3×10^{-10}　　pH=9.02　[H^+]=9.5×10^{-10}

可见 pH 小数部分"20"和"02"的具体大小决定了浓度值的具体大小。而 pH 的整数部分只决定了浓度值的次方或小数点的定位。需要注意的是："02"中的"0"在此处并不仅起定位作用，是有实际意义的有效数字。

④ 对于 10^x、e^x 等幂指数，有效数字的位数也是只与指数小数点后的位数相同。如 $10^{0.058}$ 有效数字是三位而不是两位，$10^{5.76}$ 有效数字是两位。

计算可知：$10^{0.058}=1.14$，而 $10^{5.76}=5.8\times10^5$。

⑤ 在计算中，分数、倍数等不考虑其有效数字位数。

二、数字修约规则

不同规格仪器的使用，会造成数据的有效数字位数不同。在计算前需按统一的规则，确定合理的有效数字位数，舍去某些数据后多余的数字，这个过程称为有效数字的修约。

① 拟修约数字的最左一位小于 5，则保留位数后的数据全舍去。例如，将 3.1415 修约

到只有一位小数，则为 3.1。

② 拟修约数字的最左一位大于 5 或是 5，而其右侧并非全为 0，则进 1。例如，将 17.0507 修约为三位有效数字，修约后为 17.1。

③ 拟修约数字的最左一位是 5，其右为 0 或无数字，如果进 1 后所得数字末位为偶数，则进；若进 1 后所得数字末位为奇数，则舍去。

例如，将 0.03650 修约为两位有效数字，结果为 0.036；

又如，将 0.6750 修约为两位有效数字，结果为 0.68。

因为，若按"4 舍 5 入"规则，数据较多时求和，结果会显著偏大。若按"4 舍 6 入 5 留双"规则，则进与舍概率各半，求和时结果基本不受影响。

④ 数字修约时应一次修约到位，不得多次连续修约。

三、运算规则

在进行运算的过程中，有可能涉及测量值有效数字位数不同，为了使最终结果保留正确的有效数字位数，特设定以下运算规则。

(一) 加减法

在加减运算中，计算结果的绝对误差等于各测量值绝对误差的代数和。所以在加减运算中，应使结果的绝对误差与各数据中绝对误差最大者（小数点后位数最少的）一致。例如：

$$
\begin{array}{r}
0.0123 \\
20.58 \\
1.236 \\
\hline
?
\end{array}
$$

其中 20.58 的绝对误差最大，为 ±0.01，以绝对误差最大者为准，先修约后运算。

(二) 乘除法

在乘除运算中，计算结果的相对误差等于各数据相对误差的代数和。所以在乘除运算中，应使结果的相对误差与各数据中相对误差最大者一致。例如：

$$0.0123 \times 20.58 \times 1.2365 = ?$$

其中，0.0123 的相对误差最大（即有效数字位数最少）。以此为准，先修约后运算。

$$0.0123 \times 20.58 \times 1.2365 = 0.0123 \times 20.6 \times 1.24 = 0.314$$

在乘除运算中，如果遇到第一位为 9 的数据，有效数字位数可以多算一位。如 9.13，可算作 4 位有效数字，与 10.11 等这些 4 位有效数字数据的相对误差 0.1% 相近。

 习　题

1. 要配制 1000mL 浓度为 0.5mg/mL 的某试样溶液，已知体积测量的绝对误差不大于 0.01mL，欲使配制溶液浓度的相对误差不大于 0.1%，问在配制溶液时，称量试样质量所允许的最大误差应是多大？溶液浓度的计算公式为 $c = m/V$，其中 c 为溶液浓度（mg/mL），m 为试样质量（mg），V 为溶液体积（mL）。

2. 以酚酞为指示剂，使用已知浓度的 NaOH 标准溶液滴定醋中的醋酸（HAc）。量取约 5mL 醋样品于称量瓶中（使用分析天平称称量瓶质量的增加量即为样品质量），实际称重 5.0268g。单次称重的不确定度为±0.2mg。NaOH 溶液的准确浓度通过滴定已知质量的高纯邻苯二甲酸氢钾进行标定，三次滴定测得的浓度分别为 0.1167mmol/mL、0.1163mmol/mL 和 0.1164mmol/mL。滴定样品时，消耗 NaOH 溶液 36.78mL，滴定管的读数误差为±0.02mL。求醋中醋酸的质量分数（结果包括标准偏差）。

第四章
几种常见的概率分布律

离散变量常用概率函数来研究，利用概率函数来确定变量取值的概率；连续变量则用密度函数来研究，通过这条曲线可以求此变量在某个区间取值的概率。这一章将主要介绍在实际研究中应用最广的一些变量类型及其概率分布，包括描述离散变量概率分布的二项分布、泊松分布，描述连续变量概率分布的正态分布等内容。

第一节　二项分布

1. 贝努利试验与二项分布

贝努利试验（Bernoulli trial）：某随机试验只有两种可能的结果，并且这两种结果是互斥的。例如，抛一枚硬币，只会有正面和反面两种结果。将某一独立的贝努利试验重复 n 次，称为 n 重贝努利试验。

二项分布是一种比较简单，但用处很广的离散型随机变量分布，其定义是在贝努利试验的基础上给出的。在 n 重贝努利试验中，事件 A 可能发生的次数是 $0, 1, \cdots, n$ 次，考虑 n 重贝努利试验中正好发生 $k(0 \leqslant k \leqslant n)$ 次的概率，记为 $P_n(k)$。事件 A 在 n 次试验中正好发生 k 次（不考虑先后顺序）共有 C_n^k 种情况。由贝努利试验的独立性可知 A 在某 k 次试验中发生，而在其余的 $n-k$ 次试验中不发生的概率为 $p^k q^{n-k}$。由概率论定理得：

$$P_n(k) = C_n^k p^k q^{n-k} \quad (k = 0, 1, 2, \cdots, n) \tag{4.1}$$

此式称为二项概率公式。式中，$p > 0$，$q > 0$，$p + q = 1$，则称随机变量 x 服从参数为 n 和 p 的二项分布（见图 4.1、图 4.2）。

（1）二项分布由 n 和 p 两个参数决定

① 当 n 与 p 固定时，随着 k 增加，$P_n(k)$ 先增大，后减小。

② 当 p 值和 n 值都较小时，分布是偏倚的；当 p 值接近 0.5 时，分布趋于对称。

③ 当 n 较大、np 与 nq 较接近时，二项分布接近于正态分布；当 $n \to \infty$ 时，其极限分布就是正态分布。

（2）二项分布的应用条件　二项分布描述的主要是离散型随机变量的概率分布，观察到的结果应是互相对立的，如生存或死亡。某一结果的概率为 p，其对立结果的概率则为 $q = 1-p$，观察结果是互不影响的。

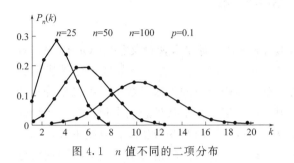

图 4.1　n 值不同的二项分布

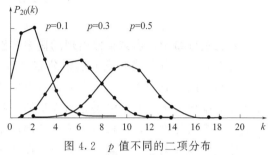

图 4.2　p 值不同的二项分布

2. 二项分布的概率函数 $P(x)$

$$P(x) = C_n^x \varphi^x (1-\varphi)^{n-x} \tag{4.2}$$

【例 4.1】　纯种白猪与黑猪杂交，根据孟德尔基因分离规律，F_2 代中白∶黑为 3∶1。求产仔 7 头，有 4 头白猪的概率。

$$n = 7, \varphi = 0.75, x = 4$$

$$P(x = 4) = P(4) = C_7^4 0.75^4 \times (1-0.75)^{7-4} = \frac{7!}{4! \ 3!} \times 0.75^4 \times 0.25^3 = 0.173$$

3. 二项分布变量的平均数和方差

平均数　　　　　　　　　　$\mu = E(x) = n\varphi$ 　　　　　　　　　　(4.3)

方差　　　　　　　　　$\sigma^2 = Var(x) = n\varphi(1-\varphi)$ 　　　　　　　　(4.4)

【例 4.2】　棕色正常毛（bbRR）的兔子和黑色短毛（BBrr）兔杂交，子代 F_1 为黑色正常毛（BbRr），F_1 代雄兔与雌兔近亲交配，F_2 代中出现棕色短毛（bbrr）兔的概率为 1/16，试问需要繁殖 F_2 代多少只，才能有 99% 的把握至少得到一只棕色短毛（bbrr）兔？

解：设需要繁殖 F_2 代 n 只，令 x 为 n 只中棕色短毛（bbrr）兔的只数，则 $x \sim B(n, 1/16)$，根据题意：$P(x \geqslant 1) = 1 - P(x = 0) = 1 - \left(\frac{15}{16}\right)^n \geqslant 0.99$

由 $1 - (15/16)^n \geqslant 0.99$，得 $(15/16)^n \leqslant 0.01$，$n \geqslant -2/\lg(15/16) = 71.4$

即约繁殖 F_2 代 72 只，就能有 99% 的把握至少得到一只棕色短毛兔。

【例 4.3】　某鱼苗成活率为 70%，现放养 5000 尾，问成活鱼苗数的平均值和标准差是多少？

根据题意：$n = 5000$，$\varphi = 0.70$。平均数 $\mu = n\varphi = 5000 \times 0.70 = 3500$；

标准差 $\sigma = \sqrt{n\varphi(1-\varphi)} = \sqrt{5000 \times 0.70 \times 0.30} = 32.40$

第二节　泊松分布

在二项分布中，当某事件出现的概率特别小（$\varphi \to 0$），而样本含量又很大（$n \to \infty$），且 $n\varphi = \mu$ 时，二项分布就变成了泊松分布（Poisson distribution）。泊松分布是一种描述和分析在单位空间或时间里，随机发生稀有事件的分布。泊松分布的概率函数可以由二项分布的概率函数推导出来。服从泊松分布变量的一些例子：一定畜群中某种患病率很低的非传染性疾病患病数或死亡数，畜群中遗传的畸形怪胎数，单位空间内某些野生动物或昆虫数，每升饮水中的大肠杆菌数。注意：二项分布在 $n \to \infty$、$\varphi \to 0$、$n\varphi = \mu$ 的情形下来近似得到泊松分布。在这种情形下：

$$C_n^x \varphi^x (1-\varphi)^{n-x} \to \frac{\mu^x}{x!} \mathrm{e}^{-\mu} \tag{4.5}$$

泊松分布的概率函数与特征数

在二项分布中，当某事件发生的概率特别小（$\varphi \to 0$），但样本含量又很大（$n \to \infty$）时，二项分布就可以变成泊松分布。其推导过程如下：

$$p(x) = \frac{n!}{x!(n-x)!} \varphi^x (1-\varphi)^{n-x} = \frac{n(n-1)\cdots(n-x+1)}{x!} \varphi^x (1-\varphi)^{n-x} \tag{4.6}$$

系数分子分母同乘以 n^x，则

$$p(x) = \left(1-\frac{1}{n}\right)\cdots\left(1-\frac{x-1}{n}\right) \frac{(n\varphi)^x (1-\varphi)^{n-x}}{x!} \tag{4.7}$$

当 $n \to \infty$ 时，系数极限为 1，且 $n\varphi = \mu$

$$p(x) = \frac{\mu^x}{x!}(1-\varphi)^{n-x} = \frac{\mu^x}{x!}\left[(1-\varphi)^{-\frac{1}{\varphi}}\right]^{-\varphi(n-x)} \tag{4.8}$$

因为 $\mathrm{e} = \lim\limits_{x \to 0}(1+z)^{\frac{1}{z}}$，所以 $\lim\limits_{\varphi \to 0}(1-\varphi)^{-\frac{1}{\varphi}} = \mathrm{e}$，故

$$p(x) = \frac{\mu^x}{x!}\mathrm{e}^{-\mu} = \frac{\mu^x}{x!\mathrm{e}^{\mu}}, x = 0,1,2,\cdots \tag{4.9}$$

当变量 x 只取零和正整数时，泊松分布的概率函数为：$p(x) = \dfrac{\mu^x}{x!\mathrm{e}^{\mu}}$；或者

$$p(x=k) = \frac{\lambda^k}{k!\mathrm{e}^{\lambda}} \tag{4.10}$$

此函数具有一个非常重要的特征就是其平均数 μ 与其方差 σ^2 相等：$\sigma^2 = \mu$。μ 是泊松分布所依赖的唯一参数，当 μ 很小时，分布较偏倚，随着 μ 的增大，泊松分布趋于对称。当 $\mu = 20$ 时，接近于正态分布。

【例 4.4】　为监测某地饮用水的污染状况，特抽查这一地区每毫升饮用水中的细菌数，共得 200 个记录（表 4.1）。试分析此地区饮用水中细菌数分布是否符合泊松分布，并计算每毫升水中存在 0 个细菌的理论次数。

表 4.1　某地区每毫升饮用水中细菌数

1mL 水中细菌数	0	1	2	≥3	合计
次数（f）	121	59	17	3	200

经计算可得每毫升水中平均细菌数 $\overline{x}=0.510$，均方 $S^2=0.512$，两者近似相等，故可初步认为服从泊松分布。以 $\overline{x}=0.510$ 代替式（4.10）中的 λ，得

$$P(x=0)=\frac{0.510^0}{0!}e^{-0.510}=0.6005$$

理论次数 $=200\times0.6005=120.1$

由此可见，理论次数与实际数值还是非常吻合的，当然也可以进一步通过 x^2 检验来检验其分布是否确实符合泊松分布。

第三节　正态分布

1. 正态分布的定义与主要特征

在统计学研究中，无论是理论研究还是实际应用，正态分布均占有重要地位。它是一种最重要的连续型变量的概率分布。在生命科学研究中，有很多变量是服从或近似服从正态分布的，如农作物产量等。还有不少随机变量随着样本容量增大，其概率分布也趋向于正态分布。

定义：随机变量 x 概率分布的密度函数为

$$f(x)=\frac{1}{\sigma\sqrt{2\pi}}e^{-\frac{(x-\mu)^2}{2\sigma^2}} \tag{4.11}$$

式中，μ 为平均数；σ^2 为方差。则称变量 x 服从正态分布，记为 $X\sim N(\mu,\sigma^2)$。$F(x)$ 的概率分布函数为：

$$F(x)=P(X<x)=\int_{-\infty}^{x}f(x)\mathrm{d}x=\frac{1}{\sigma\sqrt{2\pi}}\int_{-\infty}^{x}e^{-\frac{(x-\mu)^2}{2\sigma^2}}\mathrm{d}x \tag{4.12}$$

正态分布的主要特征：

① 曲线是以 $x=\mu$ 为对称轴的单峰、悬钟形曲线。当 $x=\mu$ 时，得极大值 $f(\mu)=\dfrac{1}{\sigma\sqrt{2\pi}}$。

② 曲线是从 $-\infty$ 到 ∞，以 x 轴为渐近线的非负函数。

③ 曲线在 $x=\mu\pm\sigma$ 处各有一个拐点，即在 $[\mu-\sigma,\mu+\sigma]$ 区间内是上凸的，其余则是下凹的。

④ 曲线有两个参数：位置参数平均数 μ 和变异度参数标准差 σ。当 σ 恒定时，μ 越大，则曲线沿 x 轴越向右，反之向左。当 μ 恒定时，σ 越大，表示 x 的取值越分散，曲线变"胖"；反之，取值越集中，曲线越"瘦"。见图 4.3、图 4.4。

⑤ 密度曲线与 x 轴所夹的总面积为 1。

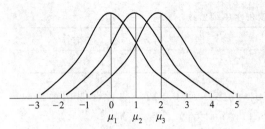

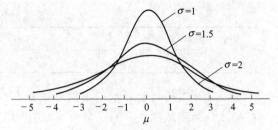

图 4.3　σ 相同而 μ 不同的三个正态分布　　　图 4.4　μ 相同而 σ 不同的三个正态分布

2. 标准正态分布

由上述描述可知，正态分布的位置和形态取决于参数 μ 和 σ，这样就会给具体研究带来困难。因此，通常情况下，需要将普通的正态分布转换为 $\mu=0$、$\sigma=1$ 时的正态分布，我们也称之为标准正态分布。其变量记为 U，记作 $U \sim N(0,1)$。若令：$u=\dfrac{x-\mu}{\sigma}$，计算出不同的 u 值对应的函数值编程函数表即正态分布表，见附录 1。

密度函数：
$$\varphi(u)=\frac{1}{\sqrt{2\pi}}\mathrm{e}^{-\frac{u^2}{2}} \tag{4.13}$$

分布函数：
$$\varphi(u)=P(U<u)=\int_{-\infty}^{u}\frac{1}{\sqrt{2\pi}}\mathrm{e}^{-x^2/2}\mathrm{d}x \tag{4.14}$$

标准正态分布除了具有普通正态分布的特点外，还具有以下特性：

① 在 $u=0$ 时，$\varphi(u)$ 取得最大值。

② $u=-1$ 和 $u=1$ 是曲线的两个拐点，在 $(-1,1)$ 内是凸的，在 $(-\infty,-1)$ 和 $(1,+\infty)$ 是凹的。

③ 99％以上面积在 $(-3,3)$ 之间，累积分布曲线围绕点 $(0,0.5)$ 对称。

$$P(a<Z\leqslant b)\int_{a}^{b}\frac{1}{\sqrt{2\pi}}\mathrm{e}^{-\frac{1}{2}z^2}\mathrm{d}z \tag{4.15}$$

标准正态分布概率密度曲线在区间 $(\mu-\sigma,\mu+\sigma)$ 的面积占总面积的 68.27％，在区间 $(\mu-1.96\sigma,\mu+1.96\sigma)$ 的面积占总面积的 95.00％，在区间 $(\mu-2.58\sigma,\mu+2.58\sigma)$ 的面积占总面积的 99.00％（图 4.5）。

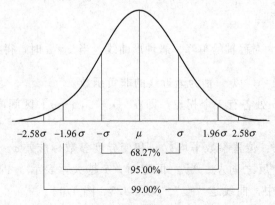

图 4.5　标准正态曲线下面积的分布规律

3. 正态分布的应用

生物化学领域有很多现象服从或近似服从正态分布，有些资料虽然呈偏态分布，但是经变换后可以变为服从正态分布。因此，可以利用正态分布来统计这些生理、生化指标。

（1）估计频数分布　实际工作中常用样本平均数 $\bar{x}$ 作为总体平均数 μ 的估计值，用样本标准差 S 来作为总体标准差 σ 的估计值，利用正态曲线的分布规律来对某些事件的频数分布进行推断和估计。通常情况下，一般正态分布变量也可以转化为标准正态分布变量来估计。

【例 4.5】　某地区 100 名成年健康男性血清钾 $\bar{x}=4.452\text{mmol/L}$，标准差 $S=0.513\text{mmol/L}$，请问：该地区成年健康男性血清钾在 3.8mmol/L 以下所占的比例。

$$u=(3.8-4.452)/0.513=-1.27$$

查附录 1，在表的一侧找到 -1.2，在上方找到 0.07，二者相交处为 0.10204 即 10.2%，故在 3.8mmol/L 以下的人约占 10.2%。

（2）制定医学参考值范围　医学参考值范围就是指正常人的生理、生化等指标的波动范围。首先确定一批样本含量足够大的正常人，然后根据研究目的和要求选择适当的百分界值，根据实际用途确定单侧或者双侧界值，最后选择恰当的计算方法来计算。

（3）正态分布是许多统计方法的理论基础　很多统计方法如 u 检验、t 分布、F 分布和 x^2 分布都是以正态分布为理论基础推导出来的，很多统计方法都以正态分布作为参照，或者按照正态分布的原理来处理，这在后面的研究中会逐步展开讲述。

【例 4.6】　已知某品种小麦的株高 X 服从正态分布 $N(80,3.13^2)$，求：(1) $X<83$cm 的概率；(2) $X>84$cm 的概率；(3) X 在 76～84cm 间的概率。

解　(1) 由题意得

$$P(X<83)=\varphi\left(\frac{83-80}{3.13}\right)=\varphi 0.96=0.83147$$

(2) 由题意得

$$P(X>84)=1-\varphi\left(\frac{84-80}{3.13}\right)=1-\varphi 1.28=1-0.89973=0.10027$$

或者

$$P(X>84)=\varphi\left(-\frac{84-80}{3.13}\right)=\varphi(-1.28)=0.10027$$

(3) 由题意得

$$P(76<X<84)=\varphi\left(\frac{84-80}{3.13}\right)-\varphi\left(\frac{76-80}{3.13}\right)$$
$$=\varphi 1.2-\varphi(-0.87)=0.88493-0.19215=0.69278$$

4. 中心极限定理（central limit theorem）

如果把一个随机变量可以看作许多影响微小且又相互独立的随机变量之和，当这些独立的随机变量数量很多时，每一变量对综合的影响很小。在这种情况下，可以认为随机变量和的分布趋向于正态分布，称为中心极限定理。中心极限定理就是研究在任何情况下独立随机变量之和的极限分布为正态分布的一系列命题的统称。

设相互独立的随机变量 $x_1, x_2, \cdots, x_n$ 具有相同的概率分布，且有有限的数学期望和方差：$E(x_k) = \mu$，$D(x_k) = \sigma^2 \neq 0 (k = 1, 2, \cdots)$，则随机变量的分布函数 $F_n(x)$ 对于任意实数 x，都有

$$y_n = \frac{\sum_{k=1}^{n} x_k - E\left(\sum_{k=1}^{n} x_k\right)}{\sqrt{D\left(\sum_{k=1}^{n} x_k\right)}} = \frac{\sum_{k=1}^{n} x_k - n\mu}{\sqrt{n}\,\sigma} \tag{4.16}$$

$$\lim_{n \to \infty} F_n(x) = \lim_{n \to \infty} P\left\{ \frac{\sum_{k=1}^{n} x_k - n\mu}{\sqrt{n}\,\sigma} \leqslant x \right\} = \int_{-\infty}^{x} \frac{1}{\sqrt{2\pi}} e^{-\frac{t^2}{2}} dt \tag{4.17}$$

这个定理表明，当 n 充分大时，y_n 近似服从标准正态分布 $N(0,1)$。因此，当 n 很大时，$\sum_{k=1}^{n} x_k = \sqrt{n}\,\sigma y_n + n\mu$ 近似服从正态分布 $N(n\mu, n\sigma^2)$。如果令 $\overline{x} = \frac{1}{n} \sum_{k=1}^{n} x_k$，当 n 充分大时，$\overline{x}$ 近似服从正态分布 $N\left(\mu, \frac{\sigma^2}{n}\right)$。由此可见，对于独立分布的场合，无论 $x_1, x_2, \cdots, x_n$ 的分布函数原来如何，当 n 充分大时，它近似服从平均值为 μ、方差为 σ^2/n 的正态分布。一般只要 $n > 30$，就可认为其分布是正态分布。

5. 区间估计

虽然 $\overline{x}$ 作为 μ 的估计值，具有无偏性、有效性和充分性等特点，但是大多数情况下，$\overline{x}$ 不可能恰好落在 μ 上。但是作为最可信赖值，$\overline{x}$ 必非常靠近 μ，故可以用 $\overline{x}$ 的一个邻域去包括 μ，计算出这个区间能够包括 μ 的概率（置信概率），这就是区间估计。

由此可得如下两式：

$$x = \mu \pm u\sigma \tag{4.18}$$

$$\mu = x \pm u\sigma \tag{4.19}$$

从概率的意义上讲，x 落在区间 $\mu \pm 1.96\sigma$ 内的概率为 95.0%。$x \pm u\sigma$ 就是用单次测定结果对 μ 进行区间估计时置信区间的一般式。

如果用 t 检验进行区间估计，则有：

$$\overline{x} = \mu \pm \frac{t_{a,f} S}{\sqrt{n}} \tag{4.20}$$

可见，平均值 $\overline{x}$ 的波动范围为：

$$\left[\mu - \frac{t_{a,f} S}{\sqrt{n}}, \mu + \frac{t_{a,f} S}{\sqrt{n}} \right] \tag{4.21}$$

通过分析区间估计置信区间的公式，可以发现，如果置信度相同，平均值的置信区间较小；反之，若置信区间相同，则平均值的区间估计置信度较高。所以平均值的区间估计优于单次测定结果的区间估计。

【例 4.7】　测定某草本植物含水量，5 次测定结果（单位：%）为：74.3，76.1，72.2，75.3，73.5。根据这批数据估计此植物含水量变化范围（$P=95\%$）。

解：$\bar{x}=74.28$，$S=1.524$

当 $P=0.95$，$\alpha=0.05$，$f=5-1=4$，$t_{\alpha,f}=2.776$

$$L=\bar{x}\pm\frac{t_{\alpha,f}S}{\sqrt{n}}=74.28\pm\frac{2.776\times1.524}{\sqrt{5}}=74.28\pm1.89$$

此草本植物含水量变化范围为 $[72.39,76.17]$

 习　题

1. 大麦的矮生基因和抗锈基因连锁，以矮生基因与正常感锈基因杂交，在 F_2 代出现纯合正常抗锈植株的概率仅 0.0036，试计算：（1）在 F_2 代种植 200 株时，纯合正常抗锈植株各种可能株数的概率是多少？（2）若希望以 0.99 的概率保证获得 1 株或 1 株以上纯合正常抗锈植株，则 F_2 代至少应种植多少株？

2. 已知高粱品种"三尺三"的株高服从正态分布 $N(156.3,4.83^2)$，求（1）株高低于 162cm 的概率；（2）株高高于 165cm 的概率；（3）株高在 153～163cm 之间的概率？

第五章
有限数据统计处理

第一节　总体的参数估计

一个正态总体，通常情况下总体真值 μ 和总体标准差 σ 这两个基本参数是未知的，但是，样本必带有总体的特征，如何利用样本的统计量去估计总体的 μ 和 σ，这就涉及参数估计的问题。参数估计是指利用样本统计量来估计未知总体平均数和标准差等指标。总体参数的估计方法有点估计和区间估计两种。点估计是根据总体参数和样本统计量之间的固有联系，以样本指标的实际值推断总体参数估计值的一种方法。点估计是估计未知参数的值；区间估计是根据样本构造出适当的区间，使其以一定的概率包含未知参数或未知参数的已知函数的真值。

最大似然法是一种从样本观测值进行分析，得出参数最大似然值，作为总体分布中未知参数估计值的一种方法。本书主要阐明通过最大似然法，使用样本的统计量对总体真值 μ 和方差 σ^2 进行估计的原理。

（1）最大似然法　设 $x_1, \cdots, x_i, \cdots, x_n$ 为一组测量值，它为正态总体 $N(\mu, \sigma^2)$ 的一个随机样本。如果进行测量，测量值落在点 $(x_1, \cdots, x_i, \cdots, x_n)$ 极小邻域内的概率分别为：

$$P_1 = f(x_1) \mathrm{d}x_1$$
$$\vdots$$
$$P_i = f(x_i) \mathrm{d}x_i$$
$$\vdots$$
$$P_n = f(x_n) \mathrm{d}x_n$$

由于各测量值是相互独立的，相互独立的事件都出现的概率为各概率之积，因此测量值在点 $(x_1, \cdots, x_i, \cdots, x_n)$ 极小邻域内都出现的概率为：

$$P_1 \cdots P_i \cdots P_n = \prod_{i=1}^{n} f(x_i) \mathrm{d}x_i \tag{5.1}$$

$\prod_{i=1}^{n} f(x_i) \mathrm{d}x_i$ 被称为联合概率。由于 $(x_1, \cdots, x_i, \cdots, x_n)$ 是实际得到的测量值，似乎应该承认测量值出现在它邻域内的概率较大，即它比较容易发生，所以应选取使这一函数达到最大的参数值作为真参数的估计值。

称式(5.1) 中的 $\prod\limits_{i=1}^{n} f(x_i)\mathrm{d}x_i$ 为似然函数，用 $L(\mu,\sigma^2)$ 表示。

$$L(\mu,\sigma^2) = \prod_{i=1}^{n} f(x_i)\mathrm{d}x_i = \prod_{i=1}^{n} \frac{1}{\sigma\sqrt{2\pi}}\mathrm{e}^{-\frac{(x_i-\mu)^2}{2\sigma^2}} = \left(\frac{1}{\sigma\sqrt{2\pi}}\right)^n \mathrm{e}^{-\frac{\sum\limits_{i=1}^{n}(x_i-\mu)^2}{2\sigma^2}} \tag{5.2}$$

联合函数达到最大，即似然函数达到最大。由于 $L(\mu,\sigma^2)$ 与 $\ln L(\mu,\sigma^2)$ 有相同的极大值点，故先取对数，用数学处理较为方便。

$$\ln L(\mu,\sigma^2) = -\frac{n}{2}\ln(2\pi) - \frac{n}{2}\ln(\sigma^2) - \frac{1}{2\sigma^2}\sum_{i=1}^{n}(x_i-\mu)^2 \tag{5.3}$$

可得似然方程如下：
$$\frac{\partial \ln L}{\partial \mu} = \frac{1}{\sigma^2}\sum_{i=1}^{n}(x_i-\mu) = 0$$

$$\frac{\partial \ln L}{\partial \sigma^2} = \frac{1}{2\sigma^4}\sum_{i=1}^{n}(x_i-\mu)^2 - \frac{n}{2\sigma^2} = 0$$

解得：
$$\hat{\mu} = \frac{1}{n}\sum_{i=1}^{n}x_i = \overline{x} \tag{5.4}$$

$$\sigma^2 = \frac{1}{n}\sum_{i=1}^{n}(x_i-\mu)^2$$

故：
$$\hat{\sigma}^2 = \frac{1}{n}\sum_{i=1}^{n}(x_i-\hat{\mu})^2 = \frac{1}{n}(x_i-\overline{x})^2 = S_n^2 \tag{5.5}$$

用 $\hat{\mu}$、$\hat{\sigma}^2$ 分别表示 μ、σ^2 的近似值，故 $\overline{x}$、S_n^2 是参数 μ、σ^2 的最大似然估计。

(2) 优良估计的标准　用最大似然法完成对 μ 和 σ^2 的估计，但仍需要判断估计的优劣。一个好的估计应满足三个基本条件：无偏性、有效性和一致性。

① 无偏性。如果一个统计量的数学期望等于总体参数值，这个估计值的理论均值等于被估计的参数真值，这个统计量就是无偏估计量。

由于 $E(\overline{x})=\mu$，所以在一定条件下，样本平均值 $\overline{x}$ 就是总体平均值 μ 的无偏估计量。

$$E(S_n^2) = E\left[\frac{1}{n}\sum_{k=1}^{n}(x_k-\overline{x})^2\right] = E\left\{\frac{1}{n}\sum_{k=1}^{n}\left[(x_k-\mu)-(\overline{x}-\mu)\right]^2\right\}$$

$$= \frac{1}{n}E\left[\sum_{k=1}^{n}(x_k-\mu)^2 - n(\overline{x}-\mu)^2\right] = \frac{1}{n}\sum_{k=1}^{n}E(x_k-\mu)^2 - E(\overline{x}-\mu)^2$$

$$= \sigma^2 - \frac{1}{n}\sigma^2 = \frac{n-1}{n}\sigma^2 \tag{5.6}$$

由上述推导可知，S_n^2 是 σ^2 的有偏估计量。需要将两边同乘以校正系数 $\dfrac{n}{n-1}$，就可以得到 σ^2 的无偏估计量。同理可以推导

$$E(S^2) = E\left[\frac{1}{n-1}\sum_{i=1}^{n}(x_i-\overline{x})^2\right] = \sigma^2 \tag{5.7}$$

可见，S^2 是 σ^2 的无偏估计量。

② 有效性。有时候一个参数的无偏估计量可能有多个，这时候主要通过其方差来进行判断。由于方差表示随机变量的波动性，如果估计量的方差越小，就意味着这个无偏估计量接近真值的程度越大。例如：

$$S_{\bar{x}}^2 = \frac{S^2}{n} < S^2 \tag{5.8}$$

所以样本平均值 $\bar{x}$ 作为 μ 的估计量比样本值 x_i 更有效。

③ 一致性。一个好的估计值与待估计参数的真值任意接近的可能性应该随样本容量的增大而增大，这个观点可以作为评估估计值好坏的标准，就得出了一致性的概念。一致性是估计值的大样本特性，就是在样本容量很大的时候，估计值是否一致。如果一个估计值不具备一致性，那么无论样本容量多大，也不可能把未知参数估计到预先指定的精度。

对于未知参数的估计值，我们可以运用无偏性、有效性和一致性来判断其优劣，从而选择最好的估计值。

第二节　一般的统计检验

在实际测量过程中，可能会产生系统误差和随机误差，也可能出现一些不准确或者不正常的数值，如何正确判断和评估这些误差对试验数据的影响？如何剔除异常值？这就需要我们应用统计学的方法对试验数据进行科学的分析。

一、离群值检验

在日常测定过程中，经常会有个别数据与平均值差别较大。我们就可以将这种明显偏离平均值的测定值称为离群值或者可疑值。其表现出来的状态主要有两种，一种是测定值随机波动的极度表现，虽然表现离群，但仍处于统计学所允许的合理误差范围内；另一种可能已经与其余测定值不属于同一总体了。造成离群值产生的原因有很多，如果是过失造成的就要果断舍去。如果无法查明原因，就应该对其进行统计学检验，以检验其是否为异常值，来决定取舍。常用的离群值检验方法主要有 Q 检验法、狄克松（Dixon）检验法、格鲁布斯（Grubbs）检验法，其他还有拉依达检验法和 $4\bar{d}$ 检验法。下面将一一介绍。

1. Q 检验法

该方法是适用于 3～10 次测定的比较简单的方法，其主要步骤如下：

将一组数据按照递增的顺序排列，确定检验端，计算舍弃商 Q，根据测定次数和置信度查表并比较，如果 Q 大于等于表中所列的临界值，离群值应舍去。检验时应注意，如果舍弃一个可疑值，应对剩余数据继续进行检验，直至确定无可疑值为止。

若 x_1 为离群值，则：

$$Q = \frac{x_2 - x_1}{x_n - x_1} \tag{5.9}$$

若 x_n 为离群值，则：

$$Q=\frac{x_n-x_{n-1}}{x_n-x_1} \tag{5.10}$$

【例 5.1】 用邻菲罗啉测定 Fe^{2+} 含量，其 6 次测定结果（单位：mg/mL）分别是 2.65、2.69、2.57、2.36、2.55、2.62，利用 Q 检验法判断是否有异常值。

解：将数据按照大小顺序排列后，计算平均值为 2.57，2.36 偏离较大，应该先检验 2.36 是否为离群值。

$Q=\dfrac{2.55-2.36}{2.69-2.36}=0.576$；而 $Q_{0.95}$（表 5.1）$=0.64$

$Q<Q_{0.95}$，2.36 应该保留。

表 5.1 Q 值表

测定次数 n	3	4	5	6	7	8	9	10
$Q_{0.90}$	0.94	0.76	0.64	0.56	0.51	0.47	0.44	0.41
$Q_{0.95}$	0.97	0.84	0.73	0.64	0.59	0.54	0.51	0.49
$Q_{0.99}$	0.99	0.93	0.82	0.74	0.68	0.63	0.60	0.57

2. Dixon 检验法

将 Q 检验法改进就得到了 Dixon 检验法。它是将同一样品的 n 个重复测定值由小到大排列 $x_1,x_2,\cdots,x_n$，随后通过不同的公式求 r 值，将其与相应的临界值进行比较，决定是否取舍。如果发现第一个数据是离群值后，仍需对剩余数据再次进行检验，直到无离群值为止。

对于 25 个以内数据的检验，狄克松检验法采用"极差比值"的方法，其计算公式的分子是可疑值与邻近值的差值，分母则是极差值或是截去 1～2 个值后的极差值，具体计算公式见表 5.2、表 5.3。

表 5.2 狄克松检验统计量 Q 计算公式

n 值范围	可疑数据为最小值 X_1 时	可疑数据为最大值 X_n 时	n 值范围	可疑数据为最小值 X_1 时	可疑数据为最大值 X_n 时
3～7	$Q=\dfrac{X_2-X_1}{X_n-X_1}$	$Q=\dfrac{X_n-X_{n-1}}{X_n-X_1}$	11～13	$Q=\dfrac{X_2-X_1}{X_{n-1}-X_1}$	$Q=\dfrac{X_n-X_{n-2}}{X_n-X_2}$
8～10	$Q=\dfrac{X_2-X_1}{X_{n-1}-X_1}$	$Q=\dfrac{X_n-X_{n-1}}{X_n-X_2}$	14～25	$Q=\dfrac{X_3-X_1}{X_{n-2}-X_1}$	$Q=\dfrac{X_n-X_{n-2}}{X_n-X_3}$

表 5.3 狄克松检验单侧临界值表

测定次数 n	显著性水平 α		测定次数 n	显著性水平 α	
	0.05	0.01		0.05	0.01
3	0.941	0.988	17	0.49	0.577
4	0.765	0.889	18	0.475	0.561
5	0.642	0.78	19	0.462	0.547

续表

测定次数 n	显著性水平 α		测定次数 n	显著性水平 α	
	0.05	0.01		0.05	0.01
6	0.56	0.698	20	0.45	0.535
7	0.507	0.637	21	0.44	0.524
8	0.554	0.683	22	0.43	0.514
9	0.512	0.635	23	0.421	0.505
10	0.477	0.597	24	0.413	0.497
11	0.576	0.679	25	0.406	0.489
12	0.546	0.642	26	0.399	0.482
13	0.521	0.615	27	0.393	0.474
14	0.546	0.641	28	0.387	0.468
15	0.525	0.616	29	0.381	0.462
16	0.507	0.59	30	0.376	0.456

3. Grubbs 检验法

利用 Grubbs 检验法判断可疑值，需要引入标准差 S，通过将可疑值与平均值 $\bar{x}$ 的偏差与 S 的比值来与临界值比较，从而判断可疑值的取舍。它的准确性比前述的检验法相对要高。具体操作步骤如下：

① 计算平均值和标准差。

② 将数据按照大小顺序排列，并计算两端可疑值与平均值的偏差，来决定检验端。

③ 计算 G 值

$$G = \frac{|x_? - \bar{x}|}{S} \tag{5.11}$$

④ 根据样本容量和置信度 P，查 G 值表（表 5.4）得到 $G_{P(n)}$。若 $G \geqslant G_{P(n)}$，则舍弃可疑值。

⑤ 继续检验下一个可疑值，直至无可疑值为止。

表 5.4　Grubbs 检验法的临界值

测定次数 n	置信度 P		测定次数 n	置信度 P	
	95%	99%		95%	99%
3	1.153	1.155	12	2.285	2.55
4	1.463	1.492	13	2.331	2.607
5	1.672	1.749	14	2.371	2.659
6	1.822	1.944	15	2.409	2.705
7	1.938	2.097	16	2.443	2.747
8	2.032	2.221	17	2.475	2.785
9	2.11	2.323	18	2.504	2.821
10	2.176	2.41	19	2.532	2.854
11	2.234	2.435	20	2.557	2.884

【例 5.2】　对某一血红蛋白样品重复测定了 8 次，测定结果（单位：g/dL）分别为：13.3，13.5，13.5，13.6，13.6，13.8，14.0，14.9，请判断 14.9 是否为异常值。

解：$\overline{x}=13.775$；$S=0.501$

$$G=\frac{|x_?-\overline{x}|}{S}=\frac{|14.9-13.775|}{0.501}=2.246$$

$$G>G_{95\%(8)}=2.032$$

因此，此值为异常值，应舍弃。

4. 拉依达检验法

拉依达检验法的基本原理：如果离群值 x_k 与全部测定数据平均值之差的绝对值超过全部测定数据标准差 S 的 3 倍，即：

$$|x_k-\overline{x}|>3S \tag{5.12}$$

则认为 x_k 为异常值。该方法计算简单、不需查表，可以在数据较多，而且要求精度不高时使用。其缺点是，当 $n<30$ 时，犯 Ⅱ 类错误的概率较大；如果测定值个数 $n\leq10$，则这种方法不能应用。

5. $4\overline{d}$ 检验法

此方法依据正态分布中偏差大于 3σ 的测量值出现概率是极低的，从而可以判断为异常值。又因为 $3\sigma\approx4\delta$，因此决定舍弃偏差大于 $4\overline{d}$ 的测量值。$4\overline{d}$ 检验法虽然简单，但是可靠性较差。在此不做进一步分析。

二、假设检验

假设检验是对未知总体的某个特征提出假设，然后再根据样本信息来检验总体的相关分布参数或论述是否恰当的统计学方法。在假设检验中，如果总体的分布形式已知，只是对分布模型中的某个未知参数提出假设并进行检验，这种假设检验称为参数假设检验。参数假设检验具体可以分为如下 5 步：

①提出假设。假设包括原假设与备择假设，原假设是对总体提出某具体特征的假设，备择假设则是原假设的互逆假设。

②确定假设检验的样本统计量及其分布特点。

③确定显著性水平。假设检验判断的依据是小概率事件在一次观察中不可能出现的原理。但是由于假设检验是依据样本的部分信息来对总体分布的未知参数做统计推断，因此就会由于样本的随机性而容易犯两类错误：第一类错误称为"以真为假"或"弃真"错误，用 α 表示；第二类错误称为"以假为真"或者"纳伪"错误，用 β 表示（图 5.1）。在假设检验中，一般只预先限制犯第一类错误的风险大小及显著性水平 α。但减少弃真错误就必然增加纳伪错误，所以常选择 $\alpha=0.05$。

④根据显著性水平确定统计量的否定域或临界值。

⑤通过比较观测值与临界值，确定观测值是否落入理论分布的否定域，由此来决定是否接受原假设。

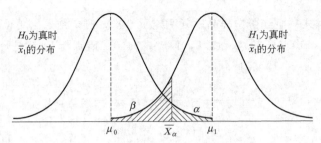

$$H_0\text{为真时} \quad \overline{x}_1\text{的分布} \qquad\qquad\qquad H_1\text{为真时} \quad \overline{x}_1\text{的分布}$$

$$\beta \quad \alpha$$

$$\mu_0 \quad \overline{X}_\alpha \quad \mu_1$$

图 5.1 假设检验中犯的两类错误

（一）u 检验法（Z 检验）

平均值检验就是根据样本平均值与标准差来判断总体平均值大小的方法。如果总体方差已知，或者虽然总体方差未知，但是样本数 $n \geqslant 30$ 的样本常采用 u 检验法（Z 检验）。对小样本（$n < 30$），则应用自由度为 $n-1$ 的 t 检验。

$$u = \frac{\overline{x} - \mu}{\sigma_{\overline{x}}} = \frac{\overline{x} - \mu}{\sigma/\sqrt{n}} = \frac{\overline{x} - \mu}{\sigma}\sqrt{n} \tag{5.13}$$

在标准正态分布中概率 $P(|u| > 1.96) = 0.05$，观测值落在此区域为小概率事件。如果出现这种情况，则有 95% 的把握判定观测值有问题。因此，通过求得的 u 值与一定概率（常用 95%）对应的 u 值比较，若求得的 u 偏大，则拒绝原假设，接受备择假设。

【例 5.3】 500 株贵阳金荞叶子中黄酮平均含量为 12%，标准差为 5%；引种 20 株到昆明后，其叶子中黄酮平均含量变为 10%，标准差为 2%，请问环境改变是否使得金荞黄酮含量发生明显改变？

解：

假设：$H_0: \mu_1 = \mu_2$；$H_A: \mu_1 \neq \mu_2$

确定显著性水平 $\alpha = 5\%$

检验计算：
$$\sigma_{\overline{x}_1 - \overline{x}_2} = \sqrt{\frac{\sigma_1^2}{n_1} + \frac{\sigma_2^2}{n_2}} = \sqrt{\frac{25}{500} + \frac{4}{20}} = 0.5$$

$$u = \frac{|\overline{x}_1 - \overline{x}_2|}{\sigma_{\overline{x}_1 - \overline{x}_2}} = \frac{2}{0.5} = 4 > 1.96$$

可见差异显著，即环境改变确实使得黄酮含量发生了改变。

（二）t 检验

当两个总体方差 σ_1^2、σ_2^2 未知，而且样本数 n_1 或（和）n_2 小于 30，此时其平均数之差不服从正态分布，而服从 t 分布，此时应使用 t 检验。

$$t = \frac{\overline{x} - \mu}{S_{\overline{x}}} = \frac{\overline{x} - \mu}{S/\sqrt{n}} = \frac{\overline{x} - \mu}{S}\sqrt{n} \tag{5.14}$$

或：
$$t = \frac{(\overline{x}_1 - \overline{x}_2) - (\mu_1 - \mu_2)}{\sigma_{\overline{x}_1 - \overline{x}_2}} = \frac{\overline{x}_1 - \overline{x}_2}{\sigma_{\overline{x}_1 - \overline{x}_2}} \text{（当 } \mu_1 = \mu_2 \text{ 时）} \tag{5.15}$$

根据已知条件不同，可以进行不同的 t 检验。如果求得的 t 值大于 t 分布临界值表中所列值 $t_{\alpha,f}$，说明 $\overline{x}$ 已经偏离超出 μ 的随机误差范围，原假设不成立，$\overline{x}$ 与 μ 之间存在显著性差异。反之，原假设无系统误差。

1. 平均值与标准值的比较

【例 5.4】　某地酸枣维生素 C 含量标注为 900mg/100g，某检测机构随机抽取 8 个样本，测定其维生素 C 含量，每 100g 酸枣含维生素 C（单位：mg）分别为：832、851、877、883、891、902、909、918。问该地酸枣产品维生素 C 含量是否符合要求？（$P = 95\%$）

解：$\overline{x} = 882.88$，$S = 29.24$

$$t = \frac{|\overline{x} - \mu|}{S} \sqrt{n} = \frac{|882.88 - 900|}{29.24} \times \sqrt{8} = 1.66$$

$$t_{0.05,7} = 2.365$$

$$t < t_{0.05,7}$$

即：这批酸枣维生素 C 含量合格。

2. 两个平均值的比较

在定量分析中，如果测定是由不同操作者或者用不同方法来完成的，为了检测试验误差属于随机误差还是系统误差，就需要通过 t 检验来进行检验。

以下两个样本（我们用容量 n 及两个主要统计量 $\overline{x}$、S 来表示样本）：

$$n_1, \overline{x}_1, S_1 \rightarrow N(\mu_1, \sigma_1^2)$$

$$n_2, \overline{x}_2, S_2 \rightarrow N(\mu_2, \sigma_2^2)$$

如果求得的 t 值大于临界值 $t_{\alpha,f}$，接受备择假设 $\mu_1 \neq \mu_2$，说明 $\overline{x}_1$ 与 $\overline{x}_2$ 之间确实存在显著性差异。反之，如果 $t < t_{\alpha,f}$，接受原假设 $\mu_1 = \mu_2$，$\overline{x}_1$ 与 $\overline{x}_2$ 之间无显著性差异，无系统误差。

要计算 t 值，先要求出 S_R：

$$S_R^2 = S_{\overline{x}_1}^2 + S_{\overline{x}_2}^2 = \frac{S_1^2}{n_1} + \frac{S_2^2}{n_2} \tag{5.16}$$

如果根据 F 检验已证明，S_1^2 与 S_2^2 无显著性差异，可以将两者合并。

$$S = \sqrt{\frac{\sum\limits_{i=1}^{n}(x_{1i} - \overline{x_1})^2 + \sum\limits_{i=1}^{n}(x_{2i} - \overline{x_2})^2}{n_1 + n_2 - 2}} = \sqrt{\frac{(n_1 - 1)S_1^2 + (n_2 - 1)S_2^2}{n_1 + n_2 - 2}} \tag{5.17}$$

$$t = \left|\frac{\overline{x}_1 - \overline{x}_2}{S}\right| \times \sqrt{\frac{n_1 n_2}{n_1 + n_2}} \tag{5.18}$$

或者：
$$t = |\overline{x}_1 - \overline{x}_2| \sqrt{\frac{n_1 n_2 (n_1 + n_2 - 2)}{(n_1 + n_2)[(n_1 - 1)S_1^2 + (n_2 - 1)S_2^2]}} \tag{5.19}$$

【例 5.5】 现通过不同工艺制备两种阿霉素载体，测定其载药量（单位：$\mu g/mg$）数据如下：

Ⅰ型载体：123，133，108，107，113，150，97，73，93，117，86，112

Ⅱ型载体：61，106，91，73，95，120，83

试问两种类型载体载药效果是否存在显著性差异？

分析：这是两个成组样本平均数的检验，σ_1 和 σ_2 未知，用 t 检验。

（1）计算基本统计量

$\overline{x}_1 = 109.33$，$S_1^2 = 433.70$，$n_1 = 12$；$\overline{x}_2 = 89.86$，$S_2^2 = 393.48$，$n_2 = 7$

（2）方差齐性检验

H_0：$\sigma_1 = \sigma_2$；H_A：$\sigma_1 \neq \sigma_2$；$F = 433.70/393.48 = 1.102$

$F_{0.05(11,6)} = 4.06$，$F < 4.06$，$P > 0.05$，方差具齐性，可合并方差。

（3）两总体方差相等的 t 检验

$$H_0 : \mu_1 = \mu_2 ; H_A : \mu_1 \neq \mu_2$$

$$S^2 = \frac{S_1^2(n_1-1) + S_2^2(n_2-1)}{(n_1-1)+(n_2-1)} = \frac{433.70 \times 11 + 393.48 \times 6}{12-1+7-1} = 419.50$$

$$S_{r_1-r_2} = \sqrt{S^2\left(\frac{1}{n_1}+\frac{1}{n_2}\right)} = \sqrt{419.50 \times \left(\frac{1}{12}+\frac{1}{7}\right)} = 9.74$$

$$t = \frac{\overline{x}_1 - \overline{x}_2}{S_{r_1-r_2}} = \frac{109.33 - 89.86}{9.74} = 2.00$$

$$df = n_1 + n_2 - 2 = 17$$

（4）统计推断

$t_{0.05(17)} = 2.110$，$t < t_{0.05}$，$P > 0.05$，接受 H_0，否认 H_A，认为两种类型载体载药效果无显著差别。

3. 配对比较

从时间上划分配对比较可以分为两种基本模式：第一种是同期配对设计，是先将试验对象根据其特征组成对子，再将其作为操作单元随机接受不同的处理，然后比较处理效果；第二种是前后配对设计，即一受试个体自身处理前后的比较。其中第一种应用更普遍一些。设有一正态总体 $N(\mu_1, \sigma_1^2)$（称总体Ⅰ）含有样本 $x_{11}, x_{12}, x_{13}, \cdots, x_{1n}$；正态总体 $N(\mu_2, \sigma_2^2)$（称总体Ⅱ）含有其相应的配对样本 $x_{21}, x_{22}, x_{23}, \cdots, x_{2n}$，见图 5.2。

总体Ⅰ与总体Ⅱ的配对样本差值 d_1（即 $x_{11} - x_{21}$），d_2（即 $x_{12} - x_{22}$），d_3（即 $x_{13} - x_{23}$），$\cdots$，d_n（即 $x_{1n} - x_{2n}$）可以构造出一个新总体Ⅲ，其平均数为 μ_d、方差为 σ_d^2，即 $N(\mu_d, \sigma_d^2)$。由此将比较 μ_1 与 μ_2 是否相等的问题，转换为仅比较 μ_d 是否等于 0 的单样本组设计问题。即假设 $\mu_1 \neq \mu_2$ 等价于 $\mu_d \neq 0$，此问题可通过单样本 t 检验方法来完成。假设在 $\mu_d = 0$ 前提下，统计量：

$$t = \frac{\overline{d} - 0}{S_{\overline{d}}}$$

$$\text{(5.20)}$$

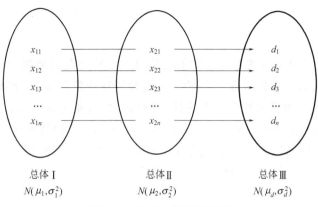

图 5.2　配对 t 检验原理图

服从自由度为 $n-1$（n 为对数）的 t 分布。

当样本数较大时，t 分布逼近标准正态分布，式（5.20）可近似为：

$$u = \frac{\overline{d}}{S_{\overline{d}}} \tag{5.21}$$

【例 5.6】　用某种药物治疗高血压患者 9 名，服药前后舒张压变化情况见表 5.5，请判断此药物是否有效？

表 5.5　某药物对患者舒张压变化情况表

治疗前/mmHg	119	114	130	112	113	117	120	122	108
治疗后/mmHg	110	99	110	113	100	102	104	105	102
差值	9	15	20	−1	13	15	16	17	6

注：1mmHg=133.322Pa。

解：

建立假设 H_0：$\mu_d = 0$；H_1：$\mu_d \neq 0$；

确定显著性水平 $\alpha = 0.05$；

计算统计量 t 值

已知：$n = 9$，$\sum\limits_{i=1}^{n} d_i = 110$，$\sum\limits_{i=1}^{n} d_i^2 = 1682$，$\overline{d} = 110/9 = 12.2$（mmHg）

$$S_d = \sqrt{\frac{1682 - 110^2/9}{8}} = 6.496\,(\text{mmHg})$$

根据式（5.21）计算统计量

$$t = \frac{12.2}{6.496/\sqrt{9}} = 5.634 \qquad df = 9 - 1 = 8$$

由 t 临界值表得 $t_{0.05,8} = 2.306$，本例中 $t = 5.634 > t_{0.05,8}$，$P < 0.05$，拒绝 H_0。该药有降血压的作用。

（三） F 检验

1. F 分布

t 检验和 u 检验是对样本或总体平均值的检验，检验之前需要确定样本方差是否一致，这就需要先对方差进行齐性检验即 F 检验。F 检验的理论依据是 F 分布。F 分布可以认为是一种小样本的分布，如果从两个正态总体中随机抽取容量为 n_1 和 n_2 两个样本，随机抽取若干次后，即得到若干对样本方差，它们的比值形成的分布曲线就称为自由度为 $(n_1 - 1,\ n_2 - 1)$ 的 F 分布。可以说，F 分布是随着分子和分母的自由度变化而变化的一簇偏态分布曲线，它随着 $\mathrm{d}f_1$、$\mathrm{d}f_2$ 的增大而趋于对称（图 5.3）。

F 值的公式为：

$$F = \frac{S_1^2}{S_2^2} \tag{5.22}$$

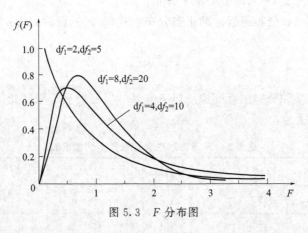

图 5.3　F 分布图

F 分布的特点：

① 其取值区间为 $(0, +\infty)$，平均数为 $N_F = 1$。

② 不同的自由度组合（$\mathrm{d}f_1 = n_1 - 1, \mathrm{d}f_2 = n_2 - 1$），会得到不同的 F 分布曲线。

③ 其形状一般都是偏斜的，而且 $\mathrm{d}f_1$ 越小，偏斜度就越大，但随着 $\mathrm{d}f_1$、$\mathrm{d}f_2$ 的增大，F 分布趋于对称，当 $\mathrm{d}f_1$ 和 $\mathrm{d}f_2 \to \infty$，即为正态分布。

④ 曲线与 x 轴所围的区间总面积等于 1。

2. F 检验

F 检验是利用 F 分布的原理对样本方差进行检验的一种方法。假设两个样本来自两个不同的总体，方差 S_1^2 和 S_2^2 可以称为两总体方差的估计值，方差比值 $\dfrac{S_1^2}{S_2^2}$ 就服从自由度为 $(n_1 - 1, n_2 - 1)$ 的 F 分布。F 分布是不对称的，因此相同 α 水平下左右尾的 F 值不同。在实际应用中，常使用 F 分布的右尾值进行显著性检验。因为大部分人在做方差分析时，习惯将较大的方差作为分子，较小的方差作为分母。常用到的是右尾概率 $\alpha = 0.05$ 或者 $\alpha = 0.01$ 时的临界值，记作 $F_{0.05(\mathrm{d}f_1, \mathrm{d}f_2)}$、$F_{0.01(\mathrm{d}f_1, \mathrm{d}f_2)}$。若 F_α 为右尾端的概率，则 $F_{1-\alpha}$ 为左尾端的概率，$F_{1-\alpha} = \dfrac{1}{F_\alpha}$。当 $F < F_{1-\alpha}$ 或 $F > F_\alpha$ 时，可以认为两总体方差差异显著，亦称方差不齐。

F 检验的程序如下所示：

① 随机抽取样本，计算 S_1^2、S_2^2。

② 假设 H_0：$\sigma_1=\sigma_2$；H_A：$\sigma_1\neq\sigma_2$。

③ 一般显著性水平取 $\alpha=0.05$。

④ 求：$F_{0.05(\mathrm{d}f_1,\mathrm{d}f_2)}=\dfrac{S_1^2}{S_2^2}$；$\mathrm{d}f_1=n_1-1$，$\mathrm{d}f_2=n_2-1$。

⑤ 当 $F>F_{\frac{a}{2}}$ 与 $F<F_{1-\frac{a}{2}}$ 时，拒绝 H_0，接受 H_A。

两个正态总体方差相等的假设检验表见表 5.6。

表 5.6　两个正态总体方差相等的假设检验表

H_0	H_1	μ_1、μ_2 未知时，在显著性水平 α 下 H_0 的拒绝域
$\sigma_1^2=\sigma_2^2$	$\sigma_1^2\neq\sigma_2^2$	$S_1^2/S_2^2<F_{1-\frac{a}{2}(n_1-1,n_2-1)}$ 或 $S_1^2/S_2^2>F_{\frac{a}{2}(n_1-1,n_2-1)}$
$\sigma_1^2=\sigma_2^2$	$\sigma_1^2>\sigma_2^2$	$S_1^2/S_2^2>F_{a(n_1-1,n_2-1)}$
$\sigma_1^2=\sigma_2^2$	$\sigma_1^2<\sigma_2^2$	$S_1^2/S_2^2<F_{1-a(n_1-1,n_2-1)}$

【例 5.7】　测定 10 位青年男性和 10 位老年男性的甘油三酯含量（单位：mmol/L）数据如下，问老年人甘油三酯含量的波动是否显著高于青年人。

青年：2.55，2.01，1.97，1.92，1.87，1.83，1.78，1.72，1.54，1.22。

老年：4.66，3.79，3.17，2.81，2.61，2.59，2.41，2.36，2.22，2.02。

由题目可求得：$S_1^2=0.117$；$S_2^2=0.656$

原假设 H_0：$\sigma_1^2=\sigma_2^2$，H_1：$\sigma_2^2>\sigma_1^2$

构造统计量 $F=\dfrac{S_2^2}{S_1^2}=\dfrac{0.656}{0.117}=5.607$，

否定域：$F>F_{0.05(9,9)}=3.18$，即否定 H_0。

表明老年男性个体间甘油三酯含量的波动，明显高于青年人。

【例 5.8】　研究两种激素类药物对肾组织切片氧消耗的影响，结果：(1) $n_1=9$，$\bar{x}_1=27.83$，$S_1^2=8.673$；(2) $n_2=6$，$\bar{x}_2=25.02$，$S_2^2=1.843$。问两种药物对肾组织切片氧消耗的影响差异是否显著？

解：

第Ⅰ步，做方差齐性检验：

$$H_0:\sigma_1=\sigma_2,H_A:\sigma_1\neq\sigma_2,\alpha=0.05$$

$$F_{8,5}=\frac{8.673}{1.843}=4.71,F_{0.05(8,5)}=4.818$$

$F<F_{0.05(8,5)}$，结论是可以接受 $\sigma_1=\sigma_2$ 的假设。

第Ⅱ步，做平均数之间差异的显著性检验：

$$H_0:\mu_1=\mu_2, H_A:\mu_1\neq\mu_2, \alpha=0.05$$

$$t=\frac{27.83-25.02}{\sqrt{\frac{8.673\times8+1.843\times5}{13}\times\left(\frac{1}{9}+\frac{1}{6}\right)}}=2.168$$

$t>t_{0.05}=2.160$，$P<0.05$，所以两种药物对肾组织切片氧消耗的影响差异显著。

 习题

1. 测定某生物样品含氮量（单位：%）分别为 5.29，5.33，5.38，5.40，5.43，5.46，5.52，5.82，请问是否有数据应被剔除？

2. 用两种流速生产无水醇，欲比较其含醇率。做配对试验，方法是取一定量的石灰混匀后分成两份，分别作两种流速试验（A 和 B），结果见表 5.7，请比较两种流速对含醇率是否有影响。

表 5.7　两种流速对含醇率的影响

项目	1	2	3	4	5	6	7	8	9	10
A 流速/%	95	97	94	96	92	92	95	92	86	92
B 流速/%	98	95	98	99	96	96	94	90	89	96
差值	−3	2	−4	−3	−4	−4	1	2	−3	−4

3. 两组类似的大鼠，一组作为对照，另外一组用催产素处理，随后测定两组的血糖浓度（mg），得到的结果处理后如下：

对照组：$n_1=12$，$\overline{x}_1=110.35$，$S_1^2=95.579$

处理组：$n_2=8$，$\overline{x}_2=105.92$，$S_2^2=9.315$

请问催产素对大鼠血糖浓度是否有显著影响？

4. 用原子吸收法和比色法同时测定某试样中的铜，各进行了 8 次测定。比色法 $S_1^2=8.0\times10^{-4}$，原子吸收法 $S_2^2=6.5\times10^{-4}$。问两种方法的精密度是否存在显著性差异（置信度 95%）？

5. 有一批蔬菜种子，其平均发芽率为 $P_0=0.83$，现随机抽取 400 粒，用某溶液处理后，有 357 粒发芽，问此处理是否有效果？

第六章
次数资料分析χ^2检验

前面几章主要讨论数量性状资料的分析方法，但是在生物科学等领域，还会有很多质量性状的资料，它们主要通过计数方法获得，这类资料的分析用前述方法就不合适了，一般采用卡方（χ^2）检验的方法来进行分析。

第一节　χ^2 分布

卡方（χ^2）检验的理论依据是 χ^2 分布，它是由 Helmert 和 Pearson 分别于 1875 和 1900 年提出的。

设从某一正态总体 $N(\mu,\sigma^2)$，随机抽取 n 个变量。则其标准正态离差 $u_i = \dfrac{x_i - \mu}{\sigma}$，而且 $\sum\limits_{i=1}^{n} u_i^2$ 服从自由度 $\mathrm{d}f$ 等于 n 的卡方（χ^2）分布。其计算公式如下：

$$\chi^2 = u_1^2 + u_2^2 + \cdots + u_n^2 = \sum_{i=1}^{n} u_i^2 = \sum_{i=1}^{n} \left(\frac{x_i - \mu}{\sigma} \right)^2 \tag{6.1}$$

进一步简化可为：

$$\chi^2_{(n-1)} = \frac{(n-1)S^2}{\sigma^2} \tag{6.2}$$

其分布曲线如图 6.1：

正常情况下，卡方（χ^2）可以有两种形式，一是研究测量资料时使用：

$$\chi^2_{(n-1)} = \frac{(n-1)S^2}{\sigma^2} \tag{6.3}$$

二是研究次数资料时，则常用：

$$\chi^2 = \sum \frac{(O-E)^2}{E} \tag{6.4}$$

式中，E 为理论值；O 为实际值。

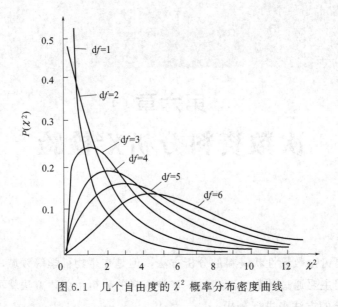

图 6.1 几个自由度的 χ^2 概率分布密度曲线

卡方（χ^2）具有如下几个特征：

① 其取值范围为 $(0,+\infty)$，常呈反 J 形的偏斜分布。

② 随着自由度 df 的减小，其偏斜度增大；当 $df=1$ 时，变成以纵轴为渐进线的曲线。随着 df 的增大，χ^2 分布渐趋对称，当 $df>30$，曲线已经接近正态分布。

③ χ^2 分布对自由度具有可加性，若相互独立的两组数据 $y_1\text{-}\chi^2(df_1)$，$y_2\text{-}\chi^2(df_2)$，则 $y_1+y_2\text{-}\chi^2(df_1+df_2)$。

当 $df=1$ 时，偏斜最严重，需要适当校正，才能符合 χ^2 理论分布。其校正方法为：计算实际值和理论值的偏差时，将各个偏差的绝对值都减去 0.5，得到如下公式：

$$\chi^2=\sum\frac{(|O-E|-0.5)^2}{E} \tag{6.5}$$

χ^2 分布曲线左尾的值接近 0，不适合作为显著性检验的否定区域，所以否定区域常集中在右尾 5% 或 1%，记为 $\chi^2_{0.05}$ 或者 $\chi^2_{0.01}$。左侧概率 α 的临界值等于右侧概率 $1-\alpha$ 的临界值 $x^2_{1-\alpha}$。

第二节　适合性检验

实际值和理论值符合程度的比较，称为适合性检验。理论值的来源一般有两类：①某种理论模型或者自然法则，如遗传学上的分离规律；②某些规定或标准，如水污染标准等。如果实际值与理论值相吻合，可以认为符合某种规律或者规定，否则就认为不符合这些规律、规定或者标准。

① 提出无效假设与备择假设：

H_0：符合某种规律、规定或者标准，即实际值与理论值没有本质差别。

H_A：不符合某种规律、规定或者标准，即实际值与理论值有本质差别。

② 确定显著性水平：一般取 $\alpha = 0.05$。

③ 计算 χ_c^2，注意 $df = 1$ 时，需要校正。

④ 查临界 χ^2 值，作出推断。根据 χ_c^2 与 $\chi_{0.05}^2$ 大小关系，得出结论。若 $\chi_c^2 > \chi_{0.05}^2$，则否定 H_0，反之则接受 H_0。

（一）观察项目数 $K = 2$ 的适合性检验

【例 6.1】 已知某种小麦的发芽率为 96%，如果在播种时施用尿素作为种肥，结果在 400 粒种子中只有 340 粒发芽，有 60 粒没能发芽，请问尿素的施用是否对种子发芽率有显著影响？

① 提出假设 $H_0：P = 96\%$；$H_A：P \neq 96\%$。

② 计算 χ^2，先计算出理论值，由于 $df = 1$，因此需要做连续性校正。

$$\chi^2 = \sum \frac{(|O-E|-0.5)^2}{E} = \frac{(|340-384|-0.5)^2}{384} + \frac{(|60-16|-0.5)^2}{16} = 123.19$$

③ 查表，作出统计推断。当 $df = 1$ 时，$\chi_{0.01(1)}^2 = 6.63$，因 $\chi^2 > \chi_{0.01(1)}^2$，$P < 0.01$，则否定 H_0，接受 H_A。尿素的施用极显著降低了此种小麦的发芽率。

（二）观察项目数 $K \geqslant 3$ 的适合性检验

将紫花圆花粉的与红花长花粉的纯合香豌豆亲本杂交，F_1 自交，得到 F_2 后代 408 株，其中紫花长花粉 220 株、紫花圆花粉 90 株、红花长花粉 95 株、红花圆花粉 3 株，问该分布是否符合 9：3：3：1 孟德尔自由组合规律？

① 提出假设 H_0：符合自由组合规律；H_A：不符合自由组合规律。

② 计算 χ^2，先计算出理论值，然后由公式求出 χ^2 值。

$$\chi^2 = \sum \frac{(O-E)^2}{E} = \frac{(220-229.5)^2}{229.5} + \frac{(90-76.5)^2}{76.5} + \frac{(95-76.5)^2}{76.5} + \frac{(3-25.5)^2}{25.5}$$
$$= 27.10$$

③ 查表，作出统计推断。当 $df = 3$ 时，$\chi_{0.01(3)}^2 = 11.34$，因 $\chi^2 > \chi_{0.01(3)}^2$，$P < 0.01$，则否定 H_0，接受 H_A。香豌豆的花色与花粉粒性状的遗传不符合孟德尔的自由组合规律。

当实际值与理论值不吻合时，只能说明该资料不符合自由组合规律，但具体是哪一组或者是哪几组不符合，是无法确定的。但是可以依据 χ^2 具有可加性的特点，对 χ^2 值进行再分割（不用校正）。例如在此题中可以把前三项合并，检验其与第四项是否符合 15：1 的规律。其 χ^2 的计算如下：

$$\chi^2 = \sum \frac{(O-E)^2}{E} = \frac{(405-382.5)^2}{382.5} + \frac{(3-25.5)^2}{25.5} = 21.18$$

当 $df = 1$ 时，$\chi_{0.01(1)}^2 = 6.63$，很显然不符合 15：1 的分离比。

下面仍然需要进一步将前三项进行再分割：

$$\chi^2 = \sum \frac{(O-E)^2}{E} = \frac{(220-243)^2}{243} + \frac{(90-81)^2}{81} + \frac{(95-81)^2}{81} = 5.60$$

当 $df = 2$ 时，$\chi_{0.05(2)}^2 = 5.991$，$\chi^2 < \chi_{0.05(2)}^2$，$P > 0.05$，此三项符合 9：3：3 的分离比。

通过 χ^2 的再分割检验，此遗传现象不符合基因自由组合规律的原因是由于红花圆花粉过少，这可能由于此两个基因存在连锁关系，造成重组个体数少于亲本个体数。

（三）资料分布类型的适合性检验

如果要验证实际观测得来的数据是否服从某种理论分布，也可采用适合性检验来判断。在正态分布资料的适合性检验中，因为理论次数是由样本总次数、平均数和标准差三个指标决定的，所以自由度为 $k-3$（k 为组数）；而在二项分布与泊松分布资料的适合性检验中，其理论次数是由总次数与平均数求得的，所以自由度为 $k-2$。值得注意的是，当组段内理论次数小于 5 时，必须与相邻组段合并，直至理论次数大于 5 时为止。下面以实际观测资料服从正态分布的适合性检验为例加以说明。

【例 6.2】 表 6.1 是 100 个果丹皮长度（单位：cm）测定结果整理后的次数分布资料表，试判断果丹皮长度是否符合正态分布。

① 利用前述知识可知 $\bar{x}=10.395$，$S=0.101$。

② 计算各组的理论次数及 χ^2 值。计算各组上限的正态离差及理论概率，具体方法见第四章第三节。用概率乘以总次数就得到每一组的理论次数。一般情况下，理论次数小于 5 者加以合并，如最后两行。

表 6.1 果丹皮长度次数分布与理论正态分布的适合性检验

组限	组中值(x)	次数(f)	上限(l)	$l-\bar{x}$	$(l-\bar{x})/S$	概率	理论次数	χ^2
<10.245	10.22	8	10.245	-0.15	-1.485	0.0688	6.88	0.18
10.245~10.295	10.27	11	10.295	-0.10	-0.990	0.0923	9.23	0.34
10.295~10.345	10.32	13	10.345	-0.05	-0.495	0.1492	14.92	0.25
10.345~10.395	10.37	18	10.395	0.00	0.000	0.1897	18.97	0.05
10.395~10.445	10.42	18	10.445	0.05	0.495	0.1897	18.97	0.05
10.445~10.495	10.47	15	10.495	0.10	0.990	0.1492	14.92	0.06
10.495~10.545	10.52	10	10.545	0.15	1.485	0.0923	9.23	0.06
10.545~10.595	10.57	4	10.595	0.20	1.980	0.0621	4.49	0.10
10.595~10.645	10.62	3	10.645	0.25	2.475		1.72	

③ 因为求理论次数时用平均数、标准差和总次数三个统计量，合并一组，故 $df=5$。

④ 由 $df=5$ 查 χ^2 表得：$\chi^2_{0.05(5)}=11.07$，因此 $\chi^2=1.03<\chi^2_{0.05}$，$P>0.05$，表明每组实际次数与利用正态分布计算的理论次数差异不显著，可以认为果丹皮长度服从正态分布。

第三节 独立性检验

很多时候资料中的规律和特点并不明确，这时需要先判断两个或者几个变量之间是否有显著相关。这种判断分类变量是否存在相互关联的问题，称作独立性检验。例如研究种子灭菌与麦穗发病两个因素是否相关，人的身高和体重是否存在相关性。很明显，独立性检验与适合性检验的研究目的是不同的，此外，它们还有以下几点不同：

① 独立性检验的次数资料是按两因子（r 为行因子，c 为列因子）属性类别进行分组。而适合性检验则只按某一个因子的属性类别如表现型等次数资料分组。因此，独立性检验可以区分为三种不同的类型，即 $r \times c$、$2 \times c$、2×2 列联表。

② 适合性检验是按照已存在的分类理论、规定或标准来计算理论次数。相反，独立性检验则没有现成的理论或标准可利用，理论次数只能是在假定两因子相互独立时计算得出。

③ 在确定自由度时，适合性检验只有一个约束条件，即各理论次数之和等于实际次数之和，所以自由度为属性类别数减 1。但是在 $r \times c$ 列联表的独立性检验中，自由度 $=$ $(r-1)(c-1)$。

（一）　2×2 列联表的检验

用中草药方剂治疗一批乙型脑炎病人，一组添加一定量的人工牛黄，另一组不添加，治疗结果见表 6.2，请问人工牛黄对治疗是否有效果。

表 6.2　牛黄对乙型脑炎治疗效果统计表

疗法	疗效		合计
	治愈	未愈	
不加牛黄	38	62	100
加牛黄	58	42	100
合计	96	104	200

由表 6.2 可知，不加牛黄组治愈率 $P_1 = 38/100 = 0.38$，加牛黄组治愈率则为 $P_2 = 58/100 = 0.58$。现需要利用独立性检验判断两种治愈率是否存在显著差异。

1. 提出无效假设与备择假设

H_0：人工牛黄对治疗无效果，即两因子相互独立。

H_A：人工牛黄对治疗有效果，即两因子彼此相关。

2. 计算理论次数

假设"疗法"与"疗效"相互独立，将全部数据看作一个总体的样本。其理论治愈率为 $P = 96/200$，用此理论治愈率推算各个样本的理论值。两组的理论治愈数据都为 $96/200 \times 100 = 48$，同理可推断未治愈率。由此可知，理论值等于它所处行与列的合计数之积除以总数 T。

$$E_{ij} = \frac{O_i \cdot O_{\cdot j}}{T} \qquad (6.6)$$

3. 计算 χ_c^2 值

当 $df = 1$，使用统计校正公式

$$\chi^2 = \sum_{i,j=1}^{2,2} \frac{(|O_{ij} - E_{ij}| - 0.5)^2}{E_{ij}} \qquad (6.7)$$

即：$\chi^2 = \dfrac{(|38-48|-0.5)^2}{48} + \dfrac{(|62-52|-0.5)^2}{52} + \dfrac{(|58-48|-0.5)^2}{48} + \dfrac{(|42-52|-0.5)^2}{52} = 7.231$

4. 作出统计推断

查 χ^2 分布值表，得 $\chi^2_{0.05(1)} = 3.841$。$\chi^2 > \chi^2_{0.05(1)}$，所以拒绝 H_0。添加人工牛黄可以显著增强中草药方剂对乙型脑炎的治疗效果。

如果把 2×2 列联表概括为表 6.3。

表 6.3　2×2 列联表

X	Y		合计
	y_1	y_2	
x_1	$O_{11}(E_{11})$	$O_{12}(E_{12})$	$O_{1.}$
x_2	$O_{21}(E_{21})$	$O_{22}(E_{22})$	$O_{2.}$
合计	$O_{.1}$	$O_{.2}$	$T_{..}$

若将 $E_{ij} = \dfrac{O_{i.} \cdot O_{.j}}{T_{..}}$ 带入校正公式可得：

$$|O_{11} - E_{11}| = \cdots = |O_{22} - E_{22}| = \frac{1}{T_{..}}|O_{11}O_{12} - O_{12}O_{21}| \tag{6.8}$$

$$\frac{1}{E_{11}} + \frac{1}{E_{12}} + \frac{1}{E_{21}} + \frac{1}{E_{22}} = \frac{T_{..}}{O_{1.} \cdot O_{.1}} + \frac{T_{..}}{O_{1.} \cdot O_{.2}} + \frac{T_{..}}{O_{2.} \cdot O_{.1}} + \frac{T_{..}}{O_{2.} \cdot O_{.2}} = \frac{T_{..}^3}{O_{1.} \cdot O_{.1} O_{2.} \cdot O_{.2}} \tag{6.9}$$

最后可以整理得 2×2 列联表的特化公式：

$$\chi^2 = \frac{T_{..}(|O_{11} \times O_{22} - O_{12} \times O_{21}| - 0.5T_{..})^2}{O_{1.} \times O_{.1} \times O_{2.} \times O_{.2}} \tag{6.10}$$

（二）$2 \times c$ 列联表的检验

$2 \times c$ 列联表一般是行因子的类别数为 2，列因子的类别数 c 多于 2 的联表。其自由度大于 2，不需作连续性校正。进行 $2 \times c$ 列联表独立性检验时，可以利用 $r \times c$ 列联表计算公式，也可以利用其特有的简化公式。下面的简化公式分别是以第一行（或第二行）数据为主的两个简化公式。

$$\chi^2 = \frac{T_{..}^2}{O_{1.} \cdot O_{2.}}\left(\sum \frac{A_{1j}^2}{O_{.j}} - \frac{O_{1.}^2}{T_{..}}\right) \tag{6.11}$$

或

$$\chi^2 = \frac{T_{..}^2}{O_{1.} \cdot O_{2.}}\left(\sum \frac{A_{2j}^2}{O_{.j}} - \frac{O_{2.}^2}{T_{..}}\right) \tag{6.12}$$

式中，$T_{..}$ 为数据总和；$O_{1.}$、$O_{2.}$ 分别为第一行或者第二行数据的总和；$O_{.j}$ 为第 j 列的数据之和。

【例 6.3】 啤酒按照色泽可以分为淡色、浓色和黑色，表 6.4 为不同性别对啤酒类型的偏好统计情况，请问啤酒偏好是否与性别有关？

表6.4　男女啤酒饮用者啤酒偏好的抽样结果（观察频数）

性别	啤酒偏好			总计
	淡色	浓色	黑色	
男	23	50	27	100
女	45	42	13	100
总计	68	92	40	200

1. 提出假设

H_0：与性别无关；H_A：与性别有关。

2. 计算 χ^2 值

以第一行数据为主，采用式(6.11)，计算得：

$$\chi^2 = \frac{T^2..}{O_1. O_2.}\left(\sum \frac{A_{1j}^2}{O._j} - \frac{O_1.^2}{T..}\right) = \frac{200^2}{100 \times 100} \times \left(\frac{23^2}{68} + \frac{50^2}{92} + \frac{27^2}{40} - \frac{100^2}{200}\right) = 12.713$$

3. 统计推断

$\chi^2_{0.05(2)} = 5.99$，而 $\chi^2 > \chi^2_{0.05(2)}$，$P < 0.05$，否定 H_0，可以认为啤酒饮用偏好与性别有关。

（三）　$r \times c$ 列联表的检验

$r \times c$ 列联表的一般形式见表6.5

表6.5　$r \times c$ 列联表的一般形式

X	Y			合计
	y_1	...	y_c	
x_1	$O_{11}(E_{11})$	...	$O_{1c}(E_{1c})$	$O_1.$
...	...	...	...	...
x_r	$O_{r1}(E_{r1})$	...	$O_{rc}(E_{rc})$	$O_r.$
合计	$O._1$		$O._c$	$T..$

$$\chi^2 = \sum_{i,j=1}^{r,c} \frac{(O_{ij}-E_{ij})^2}{E_{ij}} = \sum_{i,j=1}^{r,c} \frac{O_{ij}^2}{E_{ij}} - 2\sum_{i,j=1}^{r,c} O_{ij} + \sum_{i,j=1}^{r,c} E_{ij} \text{ 而 } \sum_{i,j=1}^{r,c} O_{ij} = \sum_{i,j=1}^{r,c} E_{ij} = T.. \text{，其}$$

中：$E_{ij} = \dfrac{O_i. O._j}{T..}$（见式(6.6)）

所以　　　$$\chi^2 = T.. \sum_{i,j=1}^{r,c} \frac{O_{ij}^2}{O_i. O._j} - 2T.. + T.. = T.. \left(\sum_{i,j=1}^{r,c} \frac{O_{ij}^2}{O_i. O._j} - 1\right) \tag{6.13}$$

【例6.4】　在研究血型与疾病关系的试验中，随机抽取胃溃疡患者、胃癌患者及对照若干人，根据 A、B、O 血型分类（AB 血型未考虑），统计结果列于表6.6。试问不同疾病是否与血型类型密切相关。

表 6.6 不同疾病患者的血型分布

疾病	血型分布			合计
	A	B	O	
胃溃疡组	132	27	191	350
胃癌组	71	14	65	150
对照组	216	56	228	500
合计	419	97	484	1000

1. 提出假设

H_0：与血型类型无关；H_A：与血型类型有关。

2. 计算 χ^2 值

$$\chi^2 = T_{..}\left(\sum_{i,j=1}^{r,c}\frac{O_{ij}^2}{O_{i.}O_{.j}}-1\right) = 1000\times\left(\frac{132^2}{419\times350}+\frac{27^2}{97\times350}+\cdots+\frac{228^2}{484\times500}-1\right)=9.685$$

3. 统计推断

$\chi^2_{0.05(4)}=9.49$，而 $\chi^2>\chi^2_{0.05(4)}$，$P<0.05$，否定 H_0，可以认为疾病类型与血型类型有关。

多组独立样本的 χ^2 检验，如果拒绝 H_0，则只能说明各组总体分布中至少有两组不同，但是无法明确指出是哪几组不同，哪几组相同。要回答这个问题需对 $r\times c$ 列表进行再分割，其方法同上一节。下面列出其中的胃癌组与对照组的分割表（表 6.7），在此不再进一步分析。此外 χ^2 检验只能说明处理组间效应在构成比例上有无差别，无法判断疗效的好坏。判断疗效好坏可用秩和检验（本书未涉及）。

表 6.7 分割表之一：胃癌组与对照组的血型分布

疾病	血型分布			合计
	A	B	O	
胃癌组	71	14	65	150
对照组	216	56	228	500
合计	287	70	293	650

 习 题

1. 一个混杂的小麦品种，其株高标准差为 $\sigma_0=14.3\text{cm}$，经提纯处理后随机抽取 10 株，它们的株高（单位：cm）分别为 91、104、102、94、101、99、101、106、94、96，请问提纯后的小麦品种是否比原混杂品种整齐？

2. 两对相对性状杂交得 4 种表现型子二代 A＿B＿，A＿bb，aaB＿，aabb 的实际观察

数依次为：317、105、99、32，问此两基因遗传是否符合 9∶3∶3∶1 的比例？

3. 通过市场调查数据可知，消费者对三种不同配方饮料Ⅰ、Ⅱ、Ⅲ的满意度分别为 0.49、0.32 和 0.19，现经过配方优化后，随机选择 50 个消费者，检验他们对三种饮料的喜好情况。结果有 26 人选择Ⅰ，16 人选择Ⅱ，8 人选择Ⅲ。请问配方优化是否有效改变了消费者的喜好情况。

4. 白花三叶草含氰（HCN）类型有两种，当两种不含氰的品种杂交时，F_1 代全含氰（剧毒），F_1 自交后得 F_2 代 218 株，其中含氰的为 126 株，不含氰的为 92 株，请问其分布是否符合 9∶7 的分离比？

5. 调查经过种子灭菌处理与未经种子灭菌处理的小麦发生散黑穗病的穗数，得表 6.8。试分析种子灭菌与否和散黑穗病穗数多少是否有关。

表 6.8　防治小麦散黑穗病的观察结果

处理项目	发病穗数	未发病穗数	总数
种子灭菌	26	50	76
种子未灭菌	184	200	384
总数	210	250	460

6. 观察甲、乙、丙 3 种降血脂药物的临床疗效。依据血脂的下降程度分为有效组与无效组，结果如表 6.9 所示。问 3 种药物降血脂效果是否一致。

表 6.9　3 种降血脂药物的临床疗效比较

药物	有效	无效	合计
甲	121	22	143
乙	52	28	80
丙	39	23	62
合计	212	73	285

第七章

方差分析

在科学研究中，常常得到的是多样本数据，这时再使用 t 检验，就会出现很多问题。假设现在 4 个样本平均数比较，如果使用 t 检验进行两两比较，需要做 $C_4^2(6)$ 次试验，显著性水平一般选择 $\alpha=0.05$，犯错误的概率为 $1-0.95^6=0.265$，犯错误的概率大大增加。方差分析（analysis of variance, ANOVA）是 1923 年由英国统计学家 Fisher 提出的，是对多个正态总体平均值进行比较的一种基本统计分析方法。它对样本数据某种因素下的差异分解为系统性误差，通过与随机抽样造成的随机误差进行比较，来推断该因素对试验结果的影响是否显著。它可以一次完成多个平均数的比较，既提高了工作效率，又减少了犯错误的概率。

方差分析的前提条件：①样本是相互独立的随机样本；②各总体服从正态分布；③各总体的方差相等。在方差分析中，衡量试验效果的质量指标称为试验指标（experiment indicator），影响试验结果的条件称为因素（factor），而试验中因素所处的不同状态称为此因素的水平（level）。试验指标、试验因素和研究对象构成试验的三要素。按照试验因素的多少，方差分析可以分为单因素方差分析（one-way analysis of variance）、多因素方差分析（multi-way analysis of variance）。本文首先介绍单因素方差分析，n 个观测值的 k 组数据统计表见表 7.1。

表 7.1　n 个观测值的 k 组数据统计表

处理 （样本）	观测值						处理总和 $T_i.$	处理平均 $\overline{x}_t$
	1	2	$\cdots$	j	$\cdots$	r		
1	x_{11}	x_{12}	$\cdots$	x_{1j}	$\cdots$	x_{1r}	$T_1.$	$\overline{x}_1.$
2	x_{21}	x_{22}	$\cdots$	x_{2j}	$\cdots$	x_{2r}	$T_2.$	$\overline{x}_2.$
$\vdots$	$\vdots$	$\vdots$	$\cdots$	$\vdots$	$\cdots$	$\vdots$	$\vdots$	$\vdots$
i	x_{i1}	x_{i2}	$\cdots$	x_{ij}	$\cdots$	x_{ir}	$T_i.$	$\overline{x}_i.$
$\vdots$	$\vdots$	$\vdots$	$\cdots$	$\vdots$	$\cdots$	$\vdots$	$\vdots$	$\vdots$
k	x_{k1}	x_{k2}	$\cdots$	x_{kj}	$\cdots$	x_{kr}	$T_k.$	$\overline{x}_k.$
							$T..=\sum x$	$\overline{x}..$

第一节　方差分析的基本方法

一、残差平方和分解

方差分析有多种类型，但其基本原理都是相同的，下面以单因素试验的方差分析为例介绍方差分析的基本方法。

单因素方差分析的数学模型：

$$x_{ij} = \mu + \alpha_i + r_{ij} \tag{7.1}$$

式中，x_{ij} 为服从正态分布 $N(\mu+\alpha_i, \sigma^2)$ 的随机变量；μ 为总体均值；α_i 为 i 水平（$i=1,2,\cdots,k$）下的系统误差；r_{ij} 为随机误差（$j=1,2,\cdots,r$）。根据对 α_i 的不同假定，方差数学模型可以分为固定模型、随机模型和混合模型。如果 α_i 是固定的一个常量，$\sum\alpha_i=0$，这种模型称作固定模型，其试验因素都是由主观确定的，不是随机确定，如不同月龄小白鼠的抗药性试验。如果 α_i 是一个随机变量，服从 $N(0,\sigma^2)$ 的正态分布，如气候、土壤条件等，研究此类因素的模型称作随机模型。如果多因素试验中，既有固定效应的因素，又有随机效应的因素，则称为混合模型。

平方和与自由度的分解

假设 SS_T 为残差平方和，即所有样本观测值与总平均值之差的平方和，则：

$$SS_T = \sum_{i=1}^{k}\sum_{j=1}^{r}(x_{ij}-\overline{x}..)^2 = \sum_{i=1}^{k}\sum_{j=1}^{r}[(x_{ij}-\overline{x}_i.)+(\overline{x}_i.-\overline{x}..)]^2$$
$$= \sum_{i=1}^{k}\sum_{j=1}^{r}(x_{ij}-\overline{x}_i.)^2 + \sum_{i=1}^{k}\sum_{j=1}^{r}(\overline{x}_i.-\overline{x}..)^2 + 2\sum_{i=1}^{k}\sum_{j=1}^{r}(x_{ij}-\overline{x}_i.)(\overline{x}_i.-\overline{x}..) \tag{7.2}$$

其中交叉项：

$$\sum_{i=1}^{k}\sum_{j=1}^{r}(x_{ij}-\overline{x}_i.)(\overline{x}_i.-\overline{x}..) = \sum_{i=1}^{k}(\overline{x}_i.-\overline{x}..)\sum_{j=1}^{r}(x_{ij}-\overline{x}_i.)=0$$

假设组间残差平方和为 SS_A，组内残差平方和为 SS_e，则：

$$SS_T = SS_A + SS_e \tag{7.3}$$

$$SS_e = \sum_{i=1}^{k}\sum_{j=1}^{r}(x_{ij}-\overline{x}_i.)^2 \tag{7.4}$$

$$SS_A = \sum_{i=1}^{k}\sum_{j=1}^{r}(\overline{x}_i.-\overline{x}..)^2 \tag{7.5}$$

对平方和公式作恒等变换得：

$$SS_T = \sum_{i=1}^{k}\sum_{j=1}^{r}(x_{ij}-\overline{x}..)^2$$
$$= \sum_{i=1}^{k}\sum_{j=1}^{r}x_{ij}^2 - 2\sum_{i=1}^{k}\sum_{j=1}^{r}x_{ij}\overline{x}.. + \sum_{i=1}^{k}\sum_{j=1}^{r}\overline{x}..^2$$

$$= \sum_{i=1}^{k} \sum_{j=1}^{r} x_{ij}^2 - \frac{\left(\sum_{i=1}^{k} \sum_{j=1}^{r} x_{ij} \right)^2}{rk} = \sum_{i=1}^{k} \sum_{j=1}^{r} x_{ij}^2 - \frac{T_{..}^2}{rk} \tag{7.6}$$

令校正数 $C = \dfrac{T_{..}^2}{rk}$，则

$$SS_T = \sum x_{ij}^2 - C \tag{7.7}$$

$$SS_A = r \sum_{i=1}^{k} (\overline{x}_{i.} - \overline{x}_{..})^2 = r \sum_{i=1}^{k} (\overline{x}_{i.}^2 - 2\overline{x}_{i.} \, \overline{x}_{..} + \overline{x}_{..}^2)$$

$$= r \sum_{i=1}^{k} \overline{x}_{i.}^2 - 2rk\overline{x}_{..}^2 + rk\overline{x}_{..}^2 = r \sum_{i=1}^{k} \overline{x}_{i.}^2 - rk\overline{x}_{..}^2$$

$$= r \sum_{i=1}^{k} \left(\frac{T_{i.}}{r} \right)^2 - rk \left(\frac{T_{..}}{rk} \right)^2 = \frac{\sum_{i=1}^{k} T_{i.}^2}{r} - C \tag{7.8}$$

即

$$SS_A = \frac{1}{r} \sum T_{i.}^2 - C \tag{7.9}$$

$$SS_e = SS_T - SS_A \tag{7.10}$$

二、方差分析统计量

1. 自由度

可以看出，上述三项平方和的线性约束条件分别为 $\sum\limits_{i=1}^{k} \sum\limits_{j=1}^{r} (x_{ij} - \overline{x}_{..}) = 0$、$\sum\limits_{i=1}^{k} (\overline{x}_{i.} - \overline{x}_{..}) = 0$ 和 $\sum\limits_{j=1}^{r} (x_{ij} - \overline{x}_{.j}) = 0$，因此各项平方和的自由度可分别表示为：

$$总自由度 \ \mathrm{d}f_T = rk - 1 \tag{7.11}$$

$$组间自由度 \ \mathrm{d}f_A = k - 1 \tag{7.12}$$

$$组内自由度 \ \mathrm{d}f_e = k(r-1) \tag{7.13}$$

$$\mathrm{d}f_T = \mathrm{d}f_A + \mathrm{d}f_e \tag{7.14}$$

2. 方差

令 MS_T、MS_A、MS_e 分别称为总方差、组间方差（水平差异）和组内方差（随机误差），则：

$$MS_T = \frac{SS_T}{f} = \frac{SS_T}{rk - 1} \tag{7.15}$$

$$MS_A = \frac{SS_A}{f_A} = \frac{SS_A}{k - 1} \tag{7.16}$$

$$MS_e = \frac{SS_e}{f_e} = \frac{SS_e}{rk - k} \tag{7.17}$$

3. 差异显著性检验

对于检验，假设 $H_0: \mu_1 = \mu_2 = \cdots = \mu_k$，我们使用统计量 F，称为 F 检验，由第五章

抽样分布可知，在 H_0 成立的条件下

$$F=\frac{MS_A}{MS_e}\sim F(\mathrm{d}f_A,\mathrm{d}f_e) \tag{7.18}$$

若 $F\geqslant F_\alpha(\mathrm{d}f_A,\mathrm{d}f_e)$ 则在 α 水平下否定 H_0。

这里应当进一步说明的是，对于我们所讨论的单因素多水平试验，即表 7.1 所列数据，其数学模型（即数据结构式）为

$$x_{ij}=\mu_i+\varepsilon_{ij}=\mu+\tau_i+\varepsilon_{ij} \tag{7.19}$$

由此构成了划分变异原因的依据，其中 $\mu=\frac{1}{k}\sum_{i=1}^{k}\mu_i$，为因素不同水平的平均，可以理解为因素取"中等"水平时的效应，且有 $\tau_i=\mu_i-\mu$ 为第 i 个水平的效应，反映了 i 水平与"中等"水平的差异状况；ε_{ij} 为第 i 个水平、第 j 次观测的误差，为相互独立且符合 $N(0,\sigma^2)$ 的随机变数。显然有 $\sum_{i=1}^{k}\alpha_i=\sum_{i=1}^{k}(\mu_i-\mu)=0$，因此对于 H_0：$\mu_1=\mu_2=\cdots=\mu_k$，亦可写成 $\sum_{i=1}^{k}\alpha_i=0$、$\sigma_i^2=0$。若 H_0 成立，则可证明 MS_A、MS_e 均为 σ^2 的无偏估计，此时 $F=\frac{\sigma_A^2}{\sigma_e^2}=1$，否则各项均方所估计的内容，即各项期望均方 EMS 的内容：

$$EMS_A=\sigma^2+n\sigma_{ai}^2 \tag{7.20}$$

$$EMS_e=\sigma^2 \tag{7.21}$$

因此，统计量 F 可写成：

$$F=\frac{MS_A}{MS_e}=\frac{\sigma^2+n\sigma_{ai}^2}{\sigma^2} \tag{7.22}$$

此时，F 将大于 1，而且只有当 $F>F_\alpha(\mathrm{d}f_1,\mathrm{d}f_2)$ k 时才能在 α 水平下否定 H_0。这就是为什么可以用统计量 F 对 H_0：$\mu_1=\mu_2=\cdots=\mu_k$ 或 $\sum_{i=1}^{k}\alpha_i=0$ 进行检验的道理，并由此构成方差分析的基本假定，也就是说只有满足这些基本假定的试验结果才能进行方差分析。

因此，可以把上述方差分析的基本步骤概括为表 7.2。

表 7.2 单因素方差分析表

差异来源	残差平方和	自由度	方差	F	F 临界值	显著性
因素影响	$SS_A=\sum_{i=1}^{k}\sum_{j=1}^{j}(\overline{x}_{i\cdot}-\overline{x}_{\cdot\cdot})^2$	$f_A=k-1$	$MS_A=\frac{SS_A}{k-1}$	$F=\frac{MS_A}{MS_e}$	$F_{\alpha\cdot(f_A\cdot f_e)}$	
随机误差	$SS_e=\sum_{i=1}^{k}\sum_{j=1}^{j}(x_{ij}-\overline{x}_{i\cdot})^2$	$f_e=k(r-1)$	$MS_e=\frac{SS_e}{rk-k}$			
总和	$SS_T=SS_e+SS_A$	$f_T=rk-1$	$MS_T=\frac{SS_T}{rk-1}$			

第二节　单因素方差分析

【例 7.1】 为了研究氟元素浓度（单位：g/g）对种子发芽的影响，分别用 0×10^{-6}、10×10^{-6}、50×10^{-6}、100×10^{-6} 四种浓度的氟化钠溶液浸种，然后连同对照用培养皿进行发芽试验，一段时间以后，统计它们的芽长（mm）数据如表 7.3 所示。

表 7.3　氟元素对种子芽长的影响　　　　　　　　　　　单位：mm

处理	1	2	3
对照	88	83	87
10×10^{-6}	81	79	74
50×10^{-6}	70	57	79
100×10^{-6}	49	63	42

试作方差分析。

解：

① 残差平方和：$C = \dfrac{T_{..}^2}{rk} = \dfrac{852^2}{3 \times 4} = 60492$

$$SS_T = \sum (x_{ij})^2 - \frac{(\sum x_{ij})^2}{rk} = \sum (x_{ij})^2 - \frac{T_{..}^2}{rk} = 63004 - 60492 = 2512$$

$$SS_A = \frac{1}{r} \sum T_{i.}^2 - C = 62490.67 - 60492 = 1998.67$$

$$SS_e = SS_T - SS_A = 513.33$$

② 自由度：

$$df_A = k - 1 = 3; df_e = k(r-1) = 8; df_T = rk - 1 = 11$$

③ 方差：

$$MS_A = \frac{SS_A}{df_A} = \frac{1998.67}{3} = 666.22; \quad MS_e = \frac{SS_e}{df_e} = \frac{513.33}{8} = 64.17$$

④ F 检验：

$$F = \frac{MS_A}{MS_e} = \frac{666.22}{64.17} = 10.38$$

查表 $F_{0.05,(3,8)} = 4.066$，$F > F_{0.05,(3,8)}$，$P < 5\%$。

结论：氟元素对种子发芽有显著影响。

方差分析表（表 7.4）：

表 7.4　方差分析表

差异来源	残差平方和	自由度	均方差	F	F 临界值	结论
处理间	1998.67	3	666.22	10.38	4.066	*
处理内	513.33	8	64.17			
总和	2512	11				

注：* 表有影响；** 表影响显著；*** 表影响高度显著。

如果将表 7.3 中所有的数都减去 70 可得表 7.5：

表 7.5　数据处理表

处理	1	2	3
对照	18	13	17
10×10^{-6}	11	9	4
50×10^{-6}	0	-13	9
100×10^{-6}	-21	-7	-28

通过上述方法进行方差计算可以得到完全相同的方差分析表，可见在一个统计表中，同时增减一个定值，其方差没有发生变化。

【例 7.2】　某农科所采摘了 3 个品种的草莓进行维生素 C 含量（mg/100g）测定，测定结果如表 7.6 所示。试问不同品种草莓的维生素 C 含量是否有显著不同。

表 7.6　不同品种草莓维生素 C 含量　　　　　　　　　　单位：mg/100g

处理	维生素 C 含量										合计	平均数
	1	2	3	4	5	6	7	8	9	10		
Ⅰ	116	102	108	109	115	104					654	109
Ⅱ	78	84	77	83	91	75	85	87			660	82.5
Ⅲ	83	75	75	79	86	85	73	70	71	82	779	77.9

将上表数据同减去 85 得表 7.7。

表 7.7　不同品种草莓维生素 C 含量简化表　　　　　　　　单位：mg/100g

处理	维生素 C 含量										合计
	1	2	3	4	5	6	7	8	9	10	
Ⅰ	31	17	23	24	30	19					144
Ⅱ	-7	-1	-8	-2	6	-10	0	2			-20
Ⅲ	-2	-10	-10	-6	1	0	-12	-15	-14	-3	-71

$$C = \frac{T^2..}{N} = \frac{53^2}{24} = 117.04$$

$$SS_T = \sum (x_{ij})^2 - \frac{(\sum x_{ij})^2}{N} = \sum (x_{ij})^2 - \frac{T^2..}{N} = 4689 - 117.04 = 4571.96$$

$$SS_A = \frac{1}{r_i} \sum T_i^2. - C = \frac{1}{6} \times 20736 + \frac{1}{8} \times 400 + \frac{1}{10} \times 5041 - 117.04 = 3429.37$$

$$SS_e = SS_T - SS_A = 1142.59$$

自由度：

$$df_A = k - 1 = 2; \quad df_e = \sum (r_i - 1) = 21; \quad df_T = \sum r_i - 1 = 23$$

方差：

$$MS_A = \frac{SS_A}{df_A} = \frac{3429.37}{2} = 1714.69;$$

$$MS_e = \frac{SS_e}{df_e} = \frac{1142.59}{21} = 54.41$$

F 检验：

$$F = \frac{MS_A}{MS_e} = \frac{1714.69}{54.41} = 31.51$$

查表 $F_{0.05,(2,21)} = 3.493$，$F > F_{0.05,(2,21)}$，$P < 5\%$。

通过前面所述，虽然通过方差分析可以判断某因素不同水平间有差异，但是由于水平数通常大于 2 个，因此下一步仍然需要判断出哪几个水平间有差异，哪几个水平间没有差异，这就需要对平均数进行多重比较。多重比较常用的方法有多种，这里主要介绍最小显著差数法（LSD 法）和最小显著极差法（LSR 法）。

（一）最小显著差数法（LSD 法）

通过将两个平均数的差值与达到差异显著的最小差数（LSD）进行比较，若 $|\overline{x}_1 - \overline{x}_2| > LSD$，则在 α 水平上两平均值差异显著；反之，则差异不显著。LSD 的计算方法实际上是利用 t 检验的原理，先计算出两个平均值的标准误，然后利用 t 检验的临界值与其乘积，就得到 LSD 值。

$$S_{\overline{x}_1 - \overline{x}_2} = \sqrt{\frac{S_1^2}{r_1} + \frac{S_2^2}{r_2}} = \sqrt{MS_e \left(\frac{1}{r_1} + \frac{1}{r_2} \right)} \qquad (7.23)$$

式中，MS_e 为组内方差（随机误差）；r 为该处理的重复数。

当 $r_1 = r_2$ 时：

$$S_{\overline{x}_1 - \overline{x}_2} = \sqrt{\frac{2MS_e}{r}} \qquad (7.24)$$

$$LSD_{0.05} = t_{0.05} S_{\overline{x}_1 - \overline{x}_2} \qquad (7.25)$$

$$LSD_{0.01} = t_{0.01} S_{\overline{x}_1 - \overline{x}_2} \qquad (7.26)$$

如果 $|\overline{x}_1 - \overline{x}_2| > LSD_{0.05}$ 或者 $|\overline{x}_1 - \overline{x}_2| > LSD_{0.01}$，就可以认为两样本平均数的差异达到显著或者极显著水平。

以例 7.1 为例，其平均数差数的标准误为

$$S_{\overline{x}_1 - \overline{x}_2} = \sqrt{\frac{2MS_e}{r}} = \sqrt{\frac{2 \times 64.17}{3}} = 6.54 (\text{mm})$$

查 t 值表，$t_{0.05,(8)} = 2.306$，$t_{0.01,(8)} = 3.355$，则

$$LSD_{0.05} = t_{0.05,(8)} S_{\overline{x}_1 - \overline{x}_2} = 2.306 \times 6.54 = 15.08 (\text{mm})$$

$$LSD_{0.01} = t_{0.01,(8)} S_{\overline{x}_1 - \overline{x}_2} = 3.355 \times 6.54 = 21.94 (\text{mm})$$

多重比较结果的表示方法有多种，如三角形表示法、字母标记法，分别演示如下：例 7.1 的对照、10×10^{-6}、50×10^{-6}、100×10^{-6} 的平均数分别用 $\overline{x}_0$、$\overline{x}_1$、$\overline{x}_2$、$\overline{x}_3$ 表示，则利用三角形表示法进行多重比较得到表 7.8。

表 7.8 三角形表示法多重比较表

处理	$-\overline{x}_3$	$-\overline{x}_2$	$-\overline{x}_1$
$\overline{x}_0(86)$	34.67 **	17.33 *	8
$\overline{x}_1(78)$	26.67 **	9.33	

处理	$-\bar{x}_3$	$-\bar{x}_2$	$-\bar{x}_1$
$\bar{x}_2(68.67)$	17.34 *		
$\bar{x}_3(51.33)$			

注：* 表示有影响；** 表示影响显著。

三角形表示法具有直观、明了的特点，但同时也因为占有篇幅较大，所以在科技文献中不常用。下面再简要叙述一下字母标记法，还是以上述结果进行比较（表 7.9）。

表 7.9 字母标记法多重比较表

处理	0.05	0.01
$\bar{x}_0(86)$	a	A
$\bar{x}_1(78)$	ab	A
$\bar{x}_2(68.67)$	ab	AB
$\bar{x}_3(51.33)$	c	B

（二）最小显著极差法（LSR 法）

LSR 法可分为新复极差检验（SSR 法、Duncan 法）和 q 检验，是把平均数的差数看成其极差，根据极差范围内包含的处理数（秩次距）k 的差异而采用不同检验尺度的检验方法。其步骤跟 LSD 基本相同，具体步骤如下：

① 计算平均数标准误：假设 $n_1 = n_2 = r$，则

$$S_{\bar{x}} = \sqrt{\frac{MS_e}{r}} \tag{7.27}$$

② 根据自由度 df_e 查表得不同 k 值下的 SSR 值，并利用下述公式计算不同的 LSR_α。

$$LSR_\alpha = SSR_\alpha S_{\bar{x}} \tag{7.28}$$

③ 将各个平均数按大小顺序排列，将平均数差值分别与各个 LSR_α 值比较，即可知其显著性。

对例 7.1 中的各个平均值利用 LSR 法检验：

$$S_{\bar{x}} = \sqrt{\frac{MS_e}{r}} = \sqrt{\frac{64.17}{3}} = 4.62 \text{(mm)}$$

查附录 5，当 $df_e = 8$，k 为 2、3、4 时，其 SSR 和 LSR 列于表 7.10。

表 7.10 多重比较的 SSR 和 LSR 值（SSR 法）

k	2	3	4
$SSR_{0.05}$	3.26	3.39	3.47
$SSR_{0.01}$	4.74	5.00	5.14
$LSR_{0.05}$	15.06	15.66	16.03
$LSR_{0.01}$	21.90	23.10	23.75

最后将多重比较结果利用三角形表示法展示如表 7.11。

表 7.11 三角形表示法多重比较表

处理	$-\overline{x}_3$	$-\overline{x}_2$	$-\overline{x}_1$
$\overline{x}_0(86)$	34.67 **	17.33 *	8
$\overline{x}_1(78)$	26.67 **	9.33	
$\overline{x}_2(68.67)$	17.34 *		
$\overline{x}_3(51.33)$			

注：* 表示有影响；** 表示影响显著。

第三节　无重复两因素方差分析

大多数研究不止研究一个因素，因此单因素方差分析不能满足大多数课题的研究需求。为了考察多个因素的影响，我们需要研究两因素方差分析和多因素方差分析。本节主要介绍两因素方差分析，包括无重复和有重复两种情况。

一、无重复两因素方差分析的数学模型

设有 A 和 B 两个因素，A 有 a 个水平，B 有 b 个水平。其数据模型如表 7.12 所示。

表 7.12 无重复两因素试验数据对照表

A	B						平均值 $\overline{x}_i$
	B_1	B_2	...	B_j	...	B_b	
A_1	x_{11}	x_{12}	...	x_{1j}	...	x_{1b}	$\overline{x}_1.$
A_2	x_{21}	x_{22}	...	x_{2j}	...	x_{2b}	$\overline{x}_2.$
⋮	⋮	⋮		⋮		⋮	⋮
A_i	x_{i1}	x_{i2}	...	x_{ij}	...	x_{ib}	$\overline{x}_i.$
⋮	⋮	⋮		⋮		⋮	⋮
A_a	x_{a1}	x_{a2}	...	x_{aj}	...	x_{ab}	$\overline{x}_a.$
平均值 $\overline{x}.j$	$\overline{x}._1$	$\overline{x}._2$	...	$\overline{x}._j$	...	$\overline{x}._b$	$\overline{x}..$

则测量值可以分解为：

$$x_{ij} = \mu + \alpha_i + \beta_j + r_{ij} \tag{7.29}$$

式中，μ 为总体平均值；α_i、β_j 分别为 A、B 两因素的系统误差，r_{ij} 为随机误差。

$$\alpha = \mu_i. - \mu \tag{7.30}$$

$$\beta = \mu._j - \mu \tag{7.31}$$

因此，要检验因素 A 的影响，就可以假设：

$$H_A : \alpha_1 = \alpha_2 = \cdots = \alpha_i = \cdots = \alpha_a = 0 \tag{7.32}$$

如果要检验因素 B 的影响，可以假设：

$$H_B : \beta_1 = \beta_2 = \cdots = \beta_j = \cdots = \beta_b = 0 \tag{7.33}$$

若 H_A 及 H_B 同时成立，则原假设成立。

二、残差分解

通过上述可知，总残差平方和来源有三部分，第一部分 SS_A 代表因素 A 各水平间的残差，第二部分 SS_B 代表因素 B 各水平间的残差，第三部分 SS_e 则代表随机误差。它们的简化公式推导如下：

$$SS_T = \sum_{i=1}^{a} \sum_{j=1}^{b} (x_{ij} - \overline{x}..)^2 = \sum_{i=1}^{a} \sum_{j=1}^{b} x_{ij}{}^2 - \frac{T_{..}^2}{ab} \tag{7.34}$$

$$SS_A = b \sum_{i=1}^{a} (\overline{x}_{i.} - \overline{x}..)^2 = b \sum_{i=1}^{a} (\overline{x}_{i.}^2 - 2\overline{x}_{i.} \cdot \overline{x}.. + \overline{x}..^2) = b \left(\sum_{i=1}^{a} \overline{x}_{i.}^2 - 2\overline{x}.. \sum_{i=1}^{a} \overline{x}_{i.} + a\overline{x}..^2 \right)$$

$$= b \left[\frac{\sum\limits_{i=1}^{a} T_{i.}^2}{b^2} - a \left(\frac{T_{..}}{ab} \right)^2 \right] = \frac{1}{b} \sum_{i=1}^{a} T_{i.}^2 - \frac{T_{..}^2}{ab} \tag{7.35}$$

同理：$SS_B = \dfrac{1}{a} \sum\limits_{j=1}^{b} T_{.j}^2 - \dfrac{T_{..}^2}{ab} \tag{7.36}$

$$SS_e = SS_T - SS_A - SS_B = \sum_{i=1}^{a} \sum_{j=1}^{b} x_{ij}^2 + \frac{T_{..}^2}{ab} - \frac{1}{a} \sum_{j=1}^{b} T_{.j}^2 - \frac{1}{b} \sum_{i=1}^{a} T_{i.}^2 \tag{7.37}$$

三、自由度

令 $\mathrm{d}f_T$、$\mathrm{d}f_A$、$\mathrm{d}f_B$、$\mathrm{d}f_e$ 分别表示样本总体、A 因素、B 因素和随机误差的自由度。

$$\mathrm{d}f_T = ab - 1 \tag{7.38}$$

$$\mathrm{d}f_A = a - 1 \tag{7.39}$$

$$\mathrm{d}f_B = b - 1 \tag{7.40}$$

$$df_e = (ab + 1) - (a + b) = (a - 1)(b - 1) \tag{7.41}$$

四、方差分析表

无重复两因素试验方差分析表见表 7.13。

表 7.13　无重复两因素试验方差分析表

差异来源	SS	df	MS	F	显著性
因素 A	SS_A	$a-1$	$MS_A = \dfrac{SS_A}{a-1}$	$F_A = \dfrac{MS_A}{MS_e}$	
因素 B	SS_B	$b-1$	$MS_B = \dfrac{SS_B}{b-1}$	$F_B = \dfrac{MS_B}{MS_e}$	
误差	SS_e	$(a-1)(b-1)$	$MS_e = \dfrac{SS_e}{(a-1)(b-1)}$		
总和	SS_T	$ab-1$			

【例 7.3】 为了研究蒸馏水 pH 值和硫酸铜溶液浓度对化验血清中白蛋白与球蛋白的影响，pH 值（A）设计了 4 个水平，硫酸铜溶液浓度（B）则取了 3 个水平，测定在不同水平组合条件下白蛋白与球蛋白之比，结果如表 7.14 所示，请问蒸馏水 pH 值和硫酸铜溶液浓度对蛋白质含量有无显著影响。

表 7.14 pH 值（A）和硫酸铜溶液浓度（B）对蛋白质比值的影响

因素水平	B_1	B_2	B_3
A_1	3.7	2.4	2.1
A_2	2.5	2.1	1.8
A_3	1.9	1.6	1.1
A_4	1.3	0.7	0.3

方差分析步骤如下所示：

1. 残差平方和计算

$$SS_T = \sum_{i=1}^{a} \sum_{j=1}^{b} x_{ij}^2 - \frac{T_{..}^2}{ab} = 47.41 - \frac{21.5^2}{12} = 8.89$$

$$SS_A = \frac{1}{b} \sum_{i=1}^{a} T_{i.}^2 - \frac{T_{..}^2}{ab} = 44.88 - 38.52 = 6.36$$

$$SS_B = \frac{1}{a} \sum_{j=1}^{b} T_{.j}^2 - \frac{T_{..}^2}{ab} = 40.67 - 38.52 = 2.15$$

$$SS_e = SS_T - SS_A - SS_B = 0.38$$

2. 自由度计算

通过计算可知：$df_T = 11$、$df_A = 3$、$df_B = 2$、$df_e = 6$

3. 方差分析表（表 7.15）

表 7.15 蛋白质含量方差分析表

差异来源	残差平方和	自由度	方差	F 值	F 临界值	显著性
pH 值	6.36	3	2.12	35.33	$F_{0.01,(3,6)}$	**
硫酸铜浓度	2.15	2	1.08	18.00	$=9.780$	**
随机误差	0.38	6	0.06		$F_{0.01,(2,6)}$	
总和	8.89	11			$=10.92$	

注：** 表示影响显著。

结论：蒸馏水 pH 值和硫酸铜溶液浓度对蛋白质含量均有极显著影响。

第四节 有重复两因素方差分析

一、交互作用

设有一两因素两水平 2^2 析因试验（表 7.16），当因素 B 固定 B_1 时，因素 A 由 A_1 变到

A_2 所引起的响应值变化为 $A_2B_1-A_1B_1$；或者固定 B_2，得到 $A_2B_2-A_1B_2$，这两个响应值的改变量称为 A 的两个简单效应。因素 A 的主效应则定义为 A 的两个简单效应的平均值。如果因素 A 的两个简单效应，随着 B 因素水平不同而不同，则说明 A 因素与 B 因素存在交互作用。有重复两因素方差分析的目的之一就是研究两因素是否存在交互作用（图7.1）。

表 7.16　2^2 析因试验的两种组合类型

Ⅰ组合	B_1	B_2	Ⅱ组合	B_1	B_2
A_1	20	30	A_1	20	40
A_2	40	50	A_2	50	12

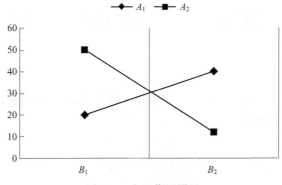

图 7.1　交互作用图示

$$AB=\frac{(A_2B_2-A_1B_2)-(A_2B_1-A_1B_1)}{2} \tag{7.42}$$

有重复两因素试验数据对照表见表7.17。

表 7.17　有重复两因素试验数据对照表

因素 A	因素 B					平均值
	B_1	$\cdots$	B_j	$\cdots$	B_b	
A_1	$x_{111}\cdots x_{11k}\cdots x_{11r}$	$\cdots$	$x_{1j1}\cdots x_{1jk}\cdots x_{1jr}$	$\cdots$	$x_{1b1}\cdots x_{1bk}\cdots x_{1br}$	$\overline{x}_1..$
$\vdots$			$\vdots$			$\vdots$
A_i	$x_{i11}\cdots x_{i1k}\cdots x_{i1r}$	$\cdots$	$x_{ij1}\cdots x_{ijk}\cdots x_{ijr}$	$\cdots$	$x_{ib1}\cdots x_{ibk}\cdots x_{ibr}$	$\overline{x}_i..$
$\vdots$			$\vdots$			$\vdots$
A_a	$x_{a11}\cdots x_{a1k}\cdots x_{a1r}$	$\cdots$	$x_{aj1}\cdots x_{ajk}\cdots x_{ajr}$	$\cdots$	$x_{ab1}\cdots x_{abk}\cdots x_{abr}$	$\overline{x}_a..$
平均值	$\overline{x}_{.1.}$	$\cdots$	$\overline{x}_{.j.}$	$\cdots$	$\overline{x}_{.b.}$	$\overline{x}...$

二、残差分解

设 r_{ijk} 为随机误差，则

$$x_{ijk}=\mu_{ij}+r_{ijk}=\mu+\alpha_i+\beta_j+\delta_{ij}+r_{ijk} \tag{7.43}$$

δ_{ij} 是 A 与 B 两因素的交互作用，其他含义如前所述。

因此：

$$SS_T = \sum_{i=1}^{a} \sum_{j=1}^{b} \sum_{k=1}^{r} (x_{ijk} - \overline{x}...)^2 = \sum_{i=1}^{a} \sum_{j=1}^{b} \sum_{k=1}^{r} x_{ijk}^2 - \frac{T...}{abr} \tag{7.44}$$

$$SS_A = br \sum_{i=1}^{a} (\overline{x}_{i..} - \overline{x}...)^2 = \frac{1}{br} \sum T_{i..}^2 - C \tag{7.45}$$

$$SS_B = ar \sum_{j=1}^{b} (\overline{x}_{.j.} - \overline{x}...)^2 = \frac{1}{ar} \sum T_{.j.}^2 - C \tag{7.46}$$

$$SS_{AB} = \frac{1}{r} \sum T_{ij.}^2 - C \tag{7.47}$$

$$SS_{A \times B} = SS_{AB} - SS_A - SS_B = SS_T - SS_A - SS_B - SS_e = \frac{1}{r} \sum T_{ij.}^2 + C - \frac{1}{br} \sum T_{i..}^2 - \frac{1}{ar} \sum T_{.j.}^2 \tag{7.48}$$

$$SS_e = \sum_{i=1}^{a} \sum_{j=1}^{b} \sum_{k=1}^{r} (x_{ijk} - \overline{x}_{ij.})^2 = \sum_{i=1}^{a} \sum_{j=1}^{b} \sum_{k=1}^{r} x_{ijk}^2 - \frac{1}{r} \sum_{i=1}^{a} \sum_{j=1}^{b} T_{ij.}^2 \tag{7.49}$$

三、自由度

令 df_T、df_A、df_B、$df_{A \times B}$、df_e 分别表示样本总体、A 因素、B 因素、交互作用和随机误差的自由度。它们的计算公式如下：

$$df_T = abr - 1 \tag{7.50}$$

$$df_A = a - 1 \tag{7.51}$$

$$df_B = b - 1 \tag{7.52}$$

$$df_{A \times B} = (a-1)(b-1) \tag{7.53}$$

$$df_e = ab(r-1) \tag{7.54}$$

四、F 检验

严格来讲，F 检验公式是受模型类型影响的。在固定模型中，α_i、β_j 及 $(\alpha\beta)_{ij}$ 均为固定效应。则在 F 检验时，A 因素等各项都均以 S_e^2 作为分母，这在前面的例题和练习中已经非常常见。相对用得少的是随机模型和混合模型。对于随机模型，α_i、β_j、$(\alpha\beta)_{ij}$ 和 ε_{ijk} 都是相互独立的随机变量，遵从或者基本遵从正态分布。作 F 检验，只有在检验 $A \times B$ 交互作用时，F 值为 $F_{A \times B} = \dfrac{S_{A \times B}^2}{S_e^2}$。而当检验 A 因素、B 因素时，F 值计算公式则分别为 $F_A = \dfrac{S_A^2}{S_{A \times B}^2}$、$F_B = \dfrac{S_B^2}{S_{A \times B}^2}$。对于混合模型（假设 A 为固定因素、B 为随机因素），α_i 为固定效应，β_j 与 $(\alpha\beta)_{ij}$ 都为随机效应，很明显 A 和 B 的效应具有非可加性。此时，固定因素（A）作 F 检验时遵从随机模型，而随机因素（B、$A \times B$）作 F 检验时遵从固定模型，即 $F_A = \dfrac{S_A^2}{S_{A \times B}^2}$、$F_B = \dfrac{S_B^2}{S_e^2}$、$F_{A \times B} = \dfrac{S_{A \times B}^2}{S_e^2}$。

五、方差分析表

有重复两因素方差分析表，见表 7.18。

表 7.18 有重复两因素试验的方差分析表

差异来源	SS	df	MS	F	显著性
因素 A	SS_A	$a-1$	$MS_A=\dfrac{SS_A}{a-1}$	$F_A=\dfrac{MS_A}{MS_e}$	
因素 B	SS_B	$b-1$	$MS_B=\dfrac{SS_B}{b-1}$	$F_B=\dfrac{MS_B}{MS_e}$	
交互作用 $A\times B$	$SS_{A\times B}$	$(a-1)(b-1)$	$MS_{A\times B}=\dfrac{SS_{A\times B}}{(a-1)(b-1)}$	$F_{A\times B}=\dfrac{MS_{A\times B}}{MS_e}$	
误差	SS_e	$ab(r-1)$	$MS_e=\dfrac{SS_e}{ab(r-1)}$		
总和	SS_T	$abr-1$			

【例 7.4】 在利用大麦生产啤酒过程中，为了研究烘烤方式（A）与大麦水分（B）对糖化时间的影响，选取了 2 种烘烤方式和 4 种不同水分大麦，得到 8 个组合，每一组合重复 3 次试验，其测定结果列于表 7.19。

表 7.19 不同烘烤方式与水分对糖化时间的影响　　　　　　　单位：h

烘烤方式(A)	水分(B)			
	B_1	B_2	B_3	B_4
A_1	13.0	9.0	15.5	18.5
	14.0	10.5	15.0	17.5
	12.5	11.5	13.0	19.0
A_2	4.5	12.5	15.5	16.5
	6.0	14.5	16.0	15.0
	5.5	15.0	17.5	18.0

解：①残差平方和 $C=\dfrac{T^2\dots}{abr}=\dfrac{326^2}{24}=4428.167$

$$SS_T=\sum_{i=1}^{a}\sum_{j=1}^{b}\sum_{k=1}^{r}(x_{ijk}-\overline{x}\dots)^2=\sum_{i=1}^{a}\sum_{j=1}^{b}\sum_{k=1}^{r}x_{ijk}^2-C=4803.5-4428.167=375.333$$

$$SS_A=br\sum_{i=1}^{a}(\overline{x}_i..-\overline{x}\dots)^2=\frac{1}{br}\sum T_i..^2-C=\frac{53222.5}{12}-4428.167=7.041$$

$$SS_B=ar\sum_{j=1}^{b}(\overline{x}._{j}.-\overline{x}\dots)^2=\frac{1}{ar}\sum T^2._{j}.-C=\frac{27978.5}{6}-4428.167=234.916$$

$$SS_{AB}=\frac{1}{r}\sum T_{ij}^2.-C=\frac{14353.5}{3}-4428.167=356.333$$

$$SS_{A\times B}=SS_{AB}-SS_A-SS_B=SS_T-SS_A-SS_B-SS_e=\frac{1}{r}\sum T_{ij}^2.+$$

$$C-\frac{1}{br}\sum T_i..^2-\frac{1}{ar}\sum T^2._{j}.=114.376$$

$$SS_e=\sum_{i=1}^{a}\sum_{j=1}^{b}\sum_{k=1}^{r}(x_{ijk}-\overline{x}_{ij}.)^2=\sum_{i=1}^{a}\sum_{j=1}^{b}\sum_{k=1}^{r}x_{ijk}^2-\frac{1}{r}\sum_{i=1}^{a}\sum_{j=1}^{b}T_{ij}^2.=19$$

② 自由度：

$$\mathrm{d}f_T = abr - 1 = 23$$

$$\mathrm{d}f_A = a - 1 = 1$$

$$\mathrm{d}f_B = b - 1 = 3$$

$$\mathrm{d}f_{A \times B} = (a-1)(b-1) = 3$$

$$\mathrm{d}f_e = ab(r-1) = 16$$

③ 方差分析。本题中，很明显烘烤方式是固定因素，大麦水分一般是不均匀和不易控制的，应该属于随机因素。所以，本题目应该采用混合模型来进行方差分析。F 检验时，固定因素（A）使用随机模型，随机因素（B、$A \times B$）则使用固定模型。方差分析表见表 7.20。

表 7.20　方差分析表

差异来源	SS	df	MS	F	显著性
因素 A	7.041	1	7.041	0.185	
因素 B	234.916	3	78.305	65.914	
交互作用 $A \times B$	114.376	3	38.125	32.092	
误差	19	16	1.188		
总和	368.292	23			

查表 $F_{0.05,(1,3)} = 0.099$（左尾），$F > F_{0.05,(1,3)}$，$P > 5\%$。所以，因素 A 影响不显著。

查表 $F_{0.05,(3,16)} = 3.24$，$F_{0.01,(3,16)} = 5.29$，$F > F_{0.01,(3,16)}$，$P < 1\%$。所以因素 B 和交互作用影响极显著。

B 因素的多重比较跟前述方法相似，只是要注意重复数的计算。但是对于交互作用的多重比较，一般是将 $A \times B$ 的各个水平利用表格列出，然后利用前面多重比较的方法进行比较。下面利用最小显著差数法（LSD 法）对本题的交互作用进行比较（过程略，见表 7.21）。

表 7.21　多重比较表

项目	$\overline{x}_{ij}$	$-A_2B_1$	$-A_1B_2$	$-A_1B_1$	$-A_2B_2$	$-A_1B_3$	$-A_2B_3$	$-A_2B_4$
A_1B_4	18.33	13.00 **	8.00 **	5.17 **	4.33 **	3.67 **	2.00 *	1.83
A_2B_4	16.50	11.17 **	6.17 **	3.33 **	2.50 *	1.83	0.17	
A_2B_3	16.33	11.00 **	6.00 **	3.17 **	2.33 *	1.67		
A_1B_3	14.67	9.33 **	4.33 **	1.50	0.67			
A_2B_2	14.00	8.67 **	3.67 **	0.83				
A_1B_1	13.17	7.83 **	2.83 **					
A_1B_2	10.33	5.00 **						
A_2B_1	5.33							

注：* 表示有影响；** 表示影响显著。

 习题

1. 以小鼠来研究正常肝核糖核酸（RNA）对癌细胞的生物学作用，试验分为对照组（生理盐水）、水层 RNA 组和酚层 RNA 组，分别用此三种不同处理诱导肝癌细胞的 FDP 酶活力，数据列于表 7.22，试比较三组平均数有无差别。

表 7.22　三组小鼠的 FDP 酶活力

对照组	水层 RNA 组	酚层 RNA 组
2.79	3.83	5.41
2.69	3.15	3.47
3.11	4.70	4.92
3.47	3.97	4.07
1.77	2.03	2.18
2.44	2.87	3.13
2.83	3.65	3.77
2.52	5.09	4.26

2. 有七窝小鼠，分别选出雄性，同一窝的小鼠分别给以不同的配方饲料，测定出生后六周的雄性小鼠体重的平均值（以 g 为单位），看不同饲料配方对小鼠平均体重有无显著影响（表 7.23）。

表 7.23　不同饲料配方对小鼠平均体重的影响

项目		不同饲料配方所得的小鼠平均体重/g				
		Ⅰ	Ⅱ	Ⅲ	Ⅳ	Ⅴ
窝别	1	15.0	10.9	10.3	9.2	13.5
	2	13.4	12.8	10.1	6.7	12.7
	3	12.7	8.3	8.8	8.9	16.4
	4	19.1	14.4	11.5	11.0	
	5	14.3		10.3	10.2	
	6	14.8			7.6	
	7				7.8	

3. 以五种不同浓度的生长激素溶液浸渍某大豆种子（表 7.24），浸渍的时间有三种，于出苗 45 天后测量各处理植株的平均干物重（g）。试对处理结果进行方差分析及多重比较。

表 7.24　生长激素浓度与浸渍时间对植株干物重的影响　　　　　单位：g

浓度/(mg/L)	时间/h			$T_i.$	$\overline{x}_i.$
	H_1	H_2	H_3		
M_1	12	13	14	39	13
M_2	11	12	13	36	12
M_3	3	3	2	8	2.67

续表

浓度/(mg/L)	时间/h			$T_i.$	$\overline{x}_i.$
	H_1	H_2	H_3		
M_4	10	8	9	27	9
M_5	2	4	4	10	3.33
$T._j$	38	40	42	120	
$\overline{x}._j$	7.6	8	8.4		8

4. 为探讨温度和催化剂对化学反应收率的影响，选择了 4 个温度（A）与甲、乙、丙 3 种催化剂（B）进行试验，试验结果如表 7.25。请进行方差分析。

表 7.25　温度和催化剂对收率的影响

因素 B	因素 A			
	70℃	80℃	90℃	100℃
甲	62,65	62,67	64,68	70,66
乙	61,63	65,67	64,68	67,72
丙	66,69	68,71	67,71	73,76

第八章
优选法

优选法（optimum seeking method）是研究如何用较少的试验次数，快速找到最佳试验方案的一类科学方法。如制药厂反应釜内的温度、配方、压力、时间等的调配。在 20 世纪 70 年代我国数学家华罗庚就在推广这项工作，并切实提高了产品的产量和质量，降低了生产成本，提高了生产效益。常用的单因素优选法有平分法、黄金分割法和分数法等方法，双因素优选常用到的有对开法、爬山法等方法。

第一节　单因素优选法

一、平分法

平分法又叫取中法、对分法，其每次试验都安排在试验范围的平分点来进行，然后舍掉不符合要求的另一半。具体操作方法如下所述：

高级纱上浆要加些乳化油脂，以增加柔软性，而乳化油脂需加碱加热。某纺织厂以前乳化油脂加烧碱 1%，需加热处理 4h，又知道多加碱可以缩短乳化时间，但碱过多又会皂化，所以加碱量优选范围为 1.2%～4.6%。

第一次加碱量 x_1：2.9%＝(1.2%＋4.6%)/2，

试验有皂化现象，说明碱加多了，划去 2.9% 以上的区域；

第二次加碱量 x_2：2.05%＝(1.2%＋2.9%)/2，

试验乳化较好；

第三次加碱量，为了进一步缩短乳化时间，划去少于 2.05% 的加碱量，再取试验点 x_3：2.48%＝(2.05%＋2.9%)/2；

分析乳化效果，如此反复查证，直至获得最优的乳化效果。

试验过程如图 8.1 所示。

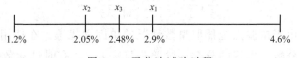

图 8.1　平分法试验过程

二、黄金分割法（0.618 法）

0.618 是一个奇妙的数字，埃及金字塔的底边长和高之比恰好是 1：0.618，维纳斯断臂的高度和身体的多种曲线都符合 0.618。据说人从脚底到肚脐的高度占身高的 0.618 是最美的。黄金分割法的具体操作方法就是先将第一个检测点 x_1 安排在整个试验范围内的 0.618 处（距左端点 a），即：

$$x_1 = a + (b - a) \times 0.618 \tag{8.1}$$

第二个检测点 x_2：

$$x_2 = b - (b - a) \times 0.618 = a + (b - a) \times 0.382 \tag{8.2}$$

随后比较试验结果 y_1 和 y_2，假设 $f(x_1)$ 大，则去掉（a，x_2）。在剩余的（x_2，b）中利用此方法继续寻找第三个检测点 x_3，一直找到最优点为止。

【例 8.1】 某酒厂在酿造淡色啤酒时，100L 麦汁中添加某种类型的酒花 80～330g，现用黄金分割法对酒花的加入量进行优选，探究风味稳定性好的最优酒花添加量，具体试验步骤如表 8.1。

表 8.1　黄金分割法试验优选方案表

试验点	计算	酒花添加量/g	比较	好点
(1)	$x_1 = 80 + 0.618 \times (330 - 80)$	234.5		
(2)	$x_2 = 80 + 330 - 234.5$	175.5	(1)(2)	(2)
(3)	$x_3 = 80 + 0.382 \times (234.5 - 80)$	139	(2)(3)	(3)
(4)	$x_4 = 80 + 0.382 \times (175.5 - 80)$	116.5	(3)(4)	(3)

三、分数法

分数法是以斐波那契（Fibonacci）数列为基础而提出的一种优选法。已知斐波那契数列为：

$$F_n = \frac{1}{\sqrt{5}} \times \left[\left(\frac{1 + \sqrt{5}}{2} \right)^{n+1} - \left(\frac{1 - \sqrt{5}}{2} \right)^{n+1} \right], n \geqslant 0 \tag{8.3}$$

容易证明下面的递推公式

$$F_n = F_{n-1} + F_{n-2}, n \geqslant 2 \tag{8.4}$$

于是数列（8.3）就是

$$1, 1, 2, 3, 5, 8, 13, 21, 34, 55, 89, 144, \cdots \tag{8.5}$$

利用这个数列可以组成近似等于 0.618 的一组分数，即

$$\frac{3}{5}, \frac{5}{8}, \frac{8}{13}, \frac{13}{21}, \frac{21}{34}, \frac{34}{55}, \cdots$$

这种分数法可以用于试验点全部取整数情况的单因素优选。在使用时，先根据试验的整数个数来选用合适的分数，常用的分数法试验表见表 8.2。有时试验数据不符合分数法的要

求，可以增加或者减少样品数。如在摸索 PCR 退火温度时，假设温度区间为 47~58℃，这时我们可以增加一个温度以使其可以利用分数法来选择退火温度。

表 8.2 分数法试验表

分数 F_n/F_{n+1}	第一批试验点位置	等分试验范围份数	试验次数
2/3	2/3,1/3	3	2
3/5	3/5,2/5	5	3
5/8	5/8,3/8	8	4
8/13	8/13,5/13	13	5
13/21	13/21,8/21	21	6
21/34	21/34,13/34	34	7

【例 8.2】 在寻找 PCR 最佳退火温度时，假设温度区间为 46~59℃，每隔 1℃ 一个试验，共需进行 13 个试验。试验区间为 [0，13]，0 对应 46℃，1 对应 47℃，……，13 对应 59℃，请利用分数法进行试验设计。

① 第 1 个试验在第 8 个试验点对应 54℃ 处进行，第 2 个试验在第 5 个试验点对应 51℃ 处进行，结果 54℃ 较优，删去区间 [0，5]。

② 在 [5，13] 上找到 8 关于区间中点的对称点 10（对应 56℃），用 56℃ 做试验，结果变差，于是删除区间（10，13]。

③ 在 [5，10] 上找到 8 的对称点 7（对应 53℃），用 53℃ 做试验，结果更好，删除区间（8，10]。

④ 在 [5，8] 上找到 7 的对称点 6（对应 52℃），用 52℃ 做试验，结果不如 53℃ 效果理想，则最佳退火温度为 53℃。

四、抛物线法

用黄金分割法或者分数法进行优选，有时候两次试验结果难以辨别好坏，这时抛物线法便是一种好的优化试验数据方法。假设有三个试验点：x_1、x_2、x_3，满足 $x_1 < x_2 < x_3$，得到三个试验值 y_1、y_2、y_3，通过拉格朗日插值法可得一个二次函数，$y_i = a_0 + a_1 x_i + a_2 x_i^2$，它过已知三点，且满足：

$$a_0 + a_1 x_1 + a_2 x_1^2 = y_1$$
$$a_0 + a_1 x_2 + a_2 x_2^2 = y_2$$
$$a_0 + a_1 x_3 + a_2 x_3^2 = y_3$$

求得 a_0、a_1、a_2，可以得到一抛物线方程：

$$y = y_1 \frac{(x-x_2)(x-x_3)}{(x_1-x_2)(x_1-x_3)} + y_2 \frac{(x-x_3)(x-x_1)}{(x_2-x_3)(x_2-x_1)} + y_3 \frac{(x-x_1)(x-x_2)}{(x_3-x_1)(x_3-x_2)} \quad (8.6)$$

假设上述函数在 x_4 处取得最大值，则：

$$x_4 = \frac{1}{2} \times \frac{y_1(x_2^2 - x_3^2) + y_2(x_3^2 - x_1^2) + y_3(x_1^2 - x_2^2)}{y_1(x_2 - x_3) + y_2(x_3 - x_1) + y_3(x_1 - x_2)} \qquad (8.7)$$

以 x_4 为试验点，检测可得 y_4。然后再与相邻的两点，按上述方法再作另一抛物线，得到新的抛物线 x_5 和检测值 y_5。这样多次追踪下去，直到达到最佳目标为止。

假如穷举法（在每个测试点上都做试验）需做 n 次试验，而黄金分割法仅需要做 $\lg n$ 次。抛物线法次数最少，只有 $\lg(\lg n)$ 次。如果将抛物线法与黄金分割法或分数法联合使用，会取得更好的效果。

在抛物线法中，可以利用 Excel【图表】 中的"显示公式"和"规划求解"工具来求出该抛物线方程的最大值。

第二节　双因素优选法

双因素优选法，常常采用"降维法"来解决，就是先把双因素问题变成单因素问题。也就是先固定一个因素，再优选另一个因素，然后固定第二个因素再反过来优选第一个因素。这样交替进行，直到得到最优的方案为止。常用的双因素优选法有对开法、旋升法、爬山法等。下面逐一进行介绍。

一、对开法

对开法又称纵横对折法，根据实践经验确定检测范围后，先将一个因素固定在其试验范围的中点，然后利用单因素优选法优选第二个因素。然后将第二个因素固定在其试验范围的中点，继续优选第一个因素。随后比较两个检测结果，沿着"较差"点所在的直线，舍弃不含好点的半个平面。然后再在另外半个平面，继续优选，直到找到最佳点。

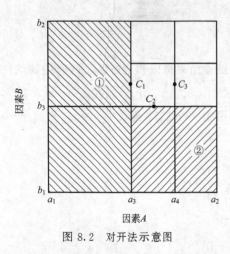

图 8.2　对开法示意图

如图 8.2 所示，建立一个平面坐标系，横坐标用来表示因素 A，纵坐标用来表示因素 B。因素 A 的试验区间为 $[a_1, a_2]$，因素 B 的试验区间为 $[b_1, b_2]$。操作步骤如下：

① 先固定因素 A 在试验区间的中点 a_3，即 $1/2$ $(a_1 + a_2)$ 处，对因素 B 进行单因素优选，得较好点 C_1。然后固定因素 B 在其试验区间的中点 b_3，即 $1/2(b_1 + b_2)$ 处，对因素 A 进行单因素优选，得到较好点 C_2。

② 比较 C_1 和 C_2。如果 C_2 比 C_1 好，则去掉 C_1 左侧区域。因素 A 的试验范围缩小为 $[a_3, a_2]$，因素 B 的试验区间不变。

③ 重新在因素 A 新试验区间 $[a_3, a_2]$ 的中点 a_4，用单因素优选法优选因素 B，得最佳点为 C_3。比较 C_2 与 C_3，如果 C_3 比 C_2 好，则去掉 B_2 下边的部分。这样，因素 B 的试验范围缩小为 $[b_3, b_2]$。如此法继续优选下去，直至获得满意的结果为止。

【例 8.3】　阿托品属于抗胆碱药，现通过对开法优选其酯化工艺条件来提高其产量，主要包括温度（55～75℃）、反应时间（50～190min）。

解：用对开法优选，先将温度固定在 65℃，优选反应时间，得出在 100min，效率最高为 47.1%；然后将反应时间固定在 120min，得到 70℃时效率最高为 52.3%。通过比较可以丢掉下半部分。在剩下的范围内再对折，最后得到温度 68℃、时间 85min 时效果最好。

二、旋升法

旋升法也称从好点出发法。在用对开法优选时，两个因素都是通过固定另一因素于检测范围的中点，而对于检测出来的好点则置之不用。而"从好点出发法"则解决了这一问题，也就是将另一因素固定于上次试验结果的较优点上。实践证明，此方法获得的效果比对开法好很多。

旋升法的具体做法如图 8.3 所示。假设横坐标表示因素 A，试验区间 $[a_1, a_2]$；纵坐标表示因素 B，试验区间 $[b_1, b_2]$，先固定因素 A 在试验区间的中点 a_3，即 $(a_1+a_2)/2$ 处，对因素 B 进行单因素优选，得较好点 C_1，对应 B 因素的取值为 b_3。然后将 B 因素固定在 b_3 水平，对因素 A 进行优选得较优点 C_2，此时 A 因素取值 a_4。比较 C_1 与 C_2 两个点，如果 C_2 优于 C_1，去掉 C_1 右侧区域。将 A 因素固定在 a_4，优选 B 因素，得较优点 C_3，此时 B 因素取值 b_4，如果 C_3

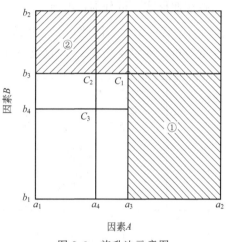

图 8.3　旋升法示意图

优于 C_2，去掉 C_2 上侧区域。如此循环往复，直到找到最优点为止。

【例 8.4】　利用旋升法研究在质粒转化过程中，感受态大肠杆菌菌浓度 OD_{600}（0.05～0.85）和热激时间（20～120s）对转化率的影响。

解：① 先固定热激时间为 70s，利用单因素优选菌浓度，得最优菌浓度为 0.415，其转化率为 1.5×10^5 cfu/μg DNA；

② 固定菌浓度为 0.41，用单因素优选法优选热激时间，得最优时间为 57s，其转化率为 6.5×10^5 cfu/μg DNA；

③ 固定热激时间为 57s，对菌浓度再进行单因素优选，得最优菌浓度为 0.375，其转化率为 8.3×10^5 cfu/μg DNA；

再依次优选下去，即得到最优的转化条件。

三、爬山法

爬山法常用的方法有两种，一种是矩形格子法，另外一种是陡度法。矩形格子法也可以叫瞎子爬山法，即先在某点前后左右各做一次使用，比较效果后，再向效果好的方向进一步使用，试探的幅度往往采取"两头小，中间大"的办法，具体做法如图 8.4 所示。该方法的缺点是，每跨一步需要做三次试验，工作量较大。

若在单峰情况下，到顶点距离最短的线路往往是陡度最大的方向，陡度法就是根据这个道理设计的，也是采用瞎子爬山法，先前后左右探索，在确定哪边高后，继续往高的那边爬。具体解释如下：假设在由 X（因素 A）、Y（因素 B）轴构成的坐标系平面内，任取不在同一条直线上的 4 个检测点做试验（见图 8.5）。假设 4 个点的坐标分别为 $x_1(A_1, B_1)$、$x_2(A_2, B_2)$、$x_3(A_3, B_3)$ 及 $x_4(A_4, B_4)$。4 点的试验结果分别是 $f(x_1)$、$f(x_2)$、$f(x_3)$ 及 $f(x_4)$。则定义 $x_1 \sim x_2$ 的陡度为

$$\overline{x_1 x_2} = \frac{|f(x_1) - f(x_2)|}{\sqrt{(A_1 - A_2)^2 + (B_1 - B_2)^2}} \tag{8.8}$$

按照此形式，可分别再求出 $\overline{x_1 x_3}$、$\overline{x_1 x_4}$、$\overline{x_2 x_3}$、$\overline{x_2 x_4}$、$\overline{x_3 x_4}$ 5 个陡度值，比较可知 $\overline{x_1 x_4}$ 陡度最大。因此，下一步按照此陡度大的方向 $x_1 \to x_4$ 继续探索 x_5，随后继续进行陡度分析，确定检测点 x_6，直至找到最佳点。

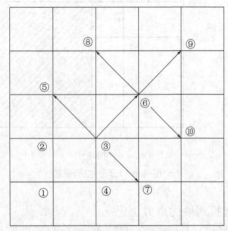

图 8.4　矩形格子法示意图

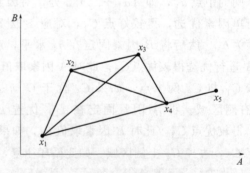

图 8.5　陡度法示意图

【例 8.5】　研究以 $FeCl_3$ 改性蒙脱土作为催化剂，催化油酸与甲醇的酯化反应，试验主要探究反应温度与催化剂用量对油酸转化率的影响，试验安排如表 8.3 所示，利用陡度法优选更高油酸转化率（70% 左右）的试验条件。

表 8.3　反应温度与催化剂用量对油酸转化率的影响

序号	催化剂用量/%	反应温度/℃	油酸转化率/%
1	0	40	16
2	1	30	23
3	2	60	46
4	3	50	58

所得 4 组结果，转化率都未达到 70% 的要求，还要继续进行试验。为了有效选取下一个试验点，进行如下计算：

$$\overline{x_1x_2} = \frac{|23-16|}{\sqrt{(1-0)^2+(30-40)^2}} = 0.697$$

$$\overline{x_1x_3} = \frac{|46-16|}{\sqrt{(2-0)^2+(60-40)^2}} = 1.493$$

$$\overline{x_1x_4} = \frac{|58-16|}{\sqrt{(3-0)^2+(50-40)^2}} = 4.023$$

$$\overline{x_2x_3} = \frac{|46-23|}{\sqrt{(2-1)^2+(60-30)^2}} = 0.766$$

$$\overline{x_2x_4} = \frac{|58-23|}{\sqrt{(3-1)^2+(50-30)^2}} = 1.741$$

$$\overline{x_3x_4} = \frac{|58-46|}{\sqrt{(3-2)^2+(50-60)^2}} = 2.189$$

通过比较 6 组数据的陡度值，最大的是 $\overline{x_1x_4}$，因此下一次试验条件沿这个方向进行选点。将 x_1x_4 直线延长，选取第 5 个试验点（5，57），得 $x_5=67\%$，接近 70%，以此方法继续选点，直到找到最优点为止。

实践经验在优选过程中也是很重要的。一般情况下，优选法先根据实践经验来确定试验范围。在进行优选时，一般要把影响大的因素放在前面，影响小的因素放在后面，才能取得满意的效果。在确定主要因素时，可以利用黄金分割法，比较 0.618 和 0.382 两个检测点的试验结果。如果差异大，一般就是主要因素；如果差异不大，可在 [0,0.382]、[0.382，0.618] 和 [0.618,1] 三个区间的中点再做一次试验，如果差别仍然不大，则为次要因素。有时候，次要因素可以固定在 [0.382,0.618] 之间的任意一点即可。在优选时，如果出现最优点在边界上，很可能是试验范围选择过窄所致，需扩大检测范围。对于多因素试验，一般不采用降维法，而采用正交或者均匀设计等优选法。

试验所观测的指标（响应变量）需要完整全面。例如，研究一种新减肥药的效果，先考虑体重的变化，但是也要考虑是什么原因造成体重的变化，是水分、肌肉组织还是脂肪？对心脏、血红蛋白等指标有没有影响？所以仅仅只对响应变量进行设计还是远远不够的，还需要引入多因素试验设计方法，这将是下一章重点探讨的内容。

习题

1. 已知某合成试验的反应温度范围为 340～420℃，通过单因素优选法得到当温度为 400℃时，产品的合成率最高，如果使用的是黄金分割法，问优选过程是如何进行的，共需做多少次试验（假设在试验范围内合成率是温度的单峰函数）？

2. 某厂在制作某种饮料时，需要加入白砂糖，为了工人操作和投料的方便，白砂糖的加入以桶为单位，经初步摸索，加入量在 3～8 桶范围中优选。由于桶数只宜取整数，采用分数法进行单因素优选，优选结果为 6 桶，试问优选过程是如何进行的（假设在试验范围内试验指标是白砂糖桶数的单峰函数）？

3. 在测定某生物活性物质的纯度 P 与洗脱流速 V 之间的关系曲线时，已测三组数据如表 8.4 所示，请利用抛物线法找出最高纯度值和下一个试验点？

表 8.4　纯度与洗脱流速

流速 V/(mL/min)	1	2	4
纯度 P/%	68	92	59

4. 某产品的质量受反应温度和反应时间两个因素的影响，已知温度范围为 $20\sim100℃$，时间范围为 $30\sim160min$，试选用一种双因素优选法进行优选，并简单说明可能的优选过程（假设产品质量是温度和时间的单峰函数）。

第九章
试验设计

试验设计（design of experiment，DOE）是一类安排试验并分析试验数据的数理统计方法。通过对试验进行科学合理的安排，可以达到以较少的试验次数、较短的周期和较低的成本，来获得更理想的试验效果及科学的试验结论或下一步工作方向。

第一节　试验设计的基本原则

试验设计在科学试验过程中占有重要地位，一个科学、规范的试验设计可以起到事半功倍的效果。试验设计的基本原则是随机化（randomization）、重复（replication）和对照（control）。

随机化的主要目的是减少试验操作者主观因素的干扰，减少偏性误差影响，使样本更具有代表性，使试验数据更加接近真实情况。常用的随机化方法有完全随机、分层随机等方法。①完全随机：也称单纯随机，所有研究对象全部按随机化原则（随机数字表、抽签或抓阄等方式）分配到不同处理组中。但是由于年龄、身体状况等因素没有考虑进来，所以在实际应用中较少使用。②分层随机：先人为使各组在某些非处理指标上达到均衡一致，如按照年龄分层，再将每个组中的试验对象随机分配到不同处理组中。

如前所述，随机化原则不能完全消除由非处理因素造成的试验残差。为了减少试验残差，掌握随机变量的统计规律，有足够的重复试验是必须的。一般情况下，样本量越大，越能接近真实结果。但是，从试验的经济性上又是不合理的。因此，在重复试验中要重视重复的质量，要选择更准确、可靠的试验方法。这里所讲的重复，是指将整个试验重做一次或几次，而不是某个试验过程后任一步的重复测量。例如，蛋白质含量测定试验中重复测定吸光度，所得到的若干数据，就不是重复试验，而只是重复测量。

对照也可以称对比试验组，通过对照，可以消除或者部分消除一些不能控制的抽样误差以及其他非处理因素对试验结果的影响。对照应符合"齐同可比"的原则，即除了要研究的处理因素外，其他一切条件应与处理组完全相同。常用的对照形式有：①阴性对照，常用于质量控制而不施加任何处理的对照；②阳性对照，用有确切疗效的典型药物作为对照，如标准品对照。当同步处理的阳性对照不能得到阳性结果时，则说明该试验体系或方法有问题，此时的试验结论是不可信的。

第二节　试验设计的方法

一、配对设计

试验样本要考虑种属、年龄、性别、体重等多个非试验因素对试验结果的影响。但当这些因素差异较大时，配对设计就是一种比较合理的解决方法。配成对子的两个个体差别很小，如同一窝生物。配成对子的两个个体随机接受处理，从而获得满意的试验结果。配对设计结果的数据分析采用配对 t 检验。在数据处理过程中，如果两组数据的平均数之间有显著差异，一般可以认为它们之间存在正相关（相关系数为 r），此时配对设计的方差（S_d^2）小于成组设计。其 S_d^2 的计算公式如下：

$$S_d^2 = S_1^2 + S_2^2 - 2r\sqrt{S_1^2 S_2^2} \tag{9.1}$$

二、完全随机化设计

假设试验对象的种属、年龄、性别、体重等多个指标差距不大，此时可以使用完全随机化设计（completely randomized design）。这种设计的最大特点是随机化，就是将样本以同等机会，随机分配到不同处理组中。随机分组的方法常用的有随机数字表法或者抽签法，随机数字表法应用更广泛。这种设计方法的优点是简单、可靠，数据缺失对试验结果影响小；缺点是对样本的均一性要求高，一旦样本差异较大，则会造成试验误差较大，试验的精确性降低。

【例 9.1】　现有生长状况相近的水稻植株 12 个，请用完全随机化的方法，将它们分成三组。

先按一定标准将植株编号。从随机数字表任意行、任意列开始，依次将 12 个（两位）数字填入表 9.1，也可以用 Excel 生成随机数字表。

表 9.1　完全随机化分组方法

编号	1	2	3	4	5	6	7	8	9	10	11	12
随机数字	98	16	82	75	64	74	47	45	49	55	77	17
除 3 余数	2	1	1	0	1	2	2	0	1	1	2	2
组别	B	A	A	C	A	B	B	C	A	A	B	B
调整组别									C		C	

随机数字除以 3 后，如果余数为 1，归入 A 组；余数为 2，归入 B 组；余数为 0，归入 C 组。此时发现三组个数不同，需要将 A 组和 B 组分别调整出去一个，再找两个随机数字：19、29，它们除以 5，余数都为 4，则将 A 与 B 组的第 4 个数据调至 C 组。最后的分组情况是 A 组：2，3，5，10；B 组：1，6，7，12；C 组：4，8，9，11。

三、随机化完全区组设计

有时候很难找全满足随机化设计的同质性个体，这时就可以考虑随机化完全区组设计（randomized complete block design）了。它是将某些指标相近的试验对象归为一组，如同一窝幼崽，具有相同的年龄，这些单元组称为区组。如果每个区组内个体相等，每个个体接受不同类型的处理，每个区组内个体数恰好接受了所有类型的试验处理，而且区组内个体接受哪一种试验处理又充分利用了随机化技术，则称为随机化完全区组。也有人将随机化完全区组设计称为两向分类，一向是区组向，另一向是处理向。其数据模式如表 9.2 所示。

表 9.2　随机化完全区组设计数据模式

处理	区组						平均值 $\overline{x}_i.$
	B_1	B_2	$\cdots$	B_j	$\cdots$	B_b	
A_1	x_{11}	x_{12}	$\cdots$	x_{1j}	$\cdots$	x_{1b}	$\overline{x}_1.$
$\vdots$	$\vdots$	$\vdots$	$\vdots$	$\vdots$	$\vdots$	$\vdots$	$\vdots$
A_i	x_{i1}	x_{i2}	$\cdots$	x_{ij}	$\cdots$	x_{ib}	$\overline{x}_i.$
$\vdots$	$\vdots$	$\vdots$	$\vdots$	$\vdots$	$\vdots$	$\vdots$	$\vdots$
A_a	x_{a1}	x_{a2}	$\cdots$	x_{aj}	$\cdots$	x_{ab}	$\overline{x}_a.$
平均值 $\overline{x}._j$	$\overline{x}._1$	$\overline{x}._2$	$\cdots$	$\overline{x}._j$	$\cdots$	$\overline{x}._b$	$\overline{x}..$

【例 9.2】　研究阿霉素剂量对大鼠慢性心力衰竭的影响，设置了 5 个剂量水平：A、B、C、D、E，将 3 窝大鼠分别随机接受不同剂量的药物处理，得到随机化完全区组表（表 9.3）。

表 9.3　随机化完全区组表

剂量	区组		
	I	II	III
A	2	8	15
B	1	10	14
C	4	6	12
D	3	7	11
E	5	9	13

随机化完全区组设计是配对试验思想在处理数上面的单向扩展，虽然区组不是因素，但为了数据处理方便，此时可把区组看作一个因素，方差分析也可以参照无重复两因素方差分析法，具体步骤可参照前面章节。随机化完全区组从误差平方和中分解出了区组平方和，所以比完全随机化设计的灵敏度更高。但是该设计也有一定的缺点，因为区组含量与试验单元间的同质性成反比，随着试验处理数增多，区组含量就会增大，就会出现一个较大的误差方

差。而且，随机化完全区组设计是在一个假定的前提下做出的，这个假定就是区组和处理间不存在交互作用，但有时候这种交互作用是很难区分的。拉丁方则是双向区组，它考虑了两个方面的系统误差，从而可以剔除这两个方面的系统误差，最终减少误差方差，提高试验精确性。

四、拉丁方设计

拉丁方设计是从横行和直列两个方向进行双重局部控制，使得行和列两个方向都成为单位组的设计。可以说，每行或每列都成为一个完全单位组，因为每一个处理在每行或每列都出现且只出现一次。这样，在拉丁方设计中就形成了一个试验处理数＝横行单位组数＝直列单位组数＝试验处理的重复数的方阵，或者称为 r 行 r 列的方阵（r 阶拉丁方）。如果第一行与第一列的拉丁字母按自然顺序排列，则称为标准型拉丁方，3×3 阶标准型拉丁方只有 1 种，4×4 阶标准型拉丁方有 4 种，5×5 阶标准型拉丁方则较多有 56 种。如果再变换标准型的行或列，就可以得到更多种的拉丁方（表 9.4）。

表 9.4 拉丁方设计表

A	B	C	A	B	C	D	A	B	C	D	E	A	B	C	D	E	F
B	C	A	B	A	D	C	B	A	E	C	D	B	A	E	C	F	D
C	A	B	C	D	B	A	C	E	D	A	B	C	E	A	F	D	B
			D	C	A	B	D	C	B	E	A	D	C	F	A	B	E
							E	D	A	B	C	E	F	D	B	A	C
												F	D	B	E	C	A

3×3拉丁方　　　　4×4拉丁方　　　　　　5×5拉丁方　　　　　　　　6×6拉丁方

1. 设计的基本要求

① 必须是水平数相等的几个无交互作用因素的试验。

② 几个因素间试验数据的方差没有显著差异。

2. 设计步骤

① 根据主要因素的水平数，确定选用几阶方阵，从而决定另外两个次要因素的水平数。

② 确定行、列、拉丁字母分别代表的因素和水平。

③ 利用前述方法随机改变标准型拉丁方的行列顺序，然后使用。

3. 拉丁方设计的优缺点

在进行数据分析时，拉丁方设计能将行、列这两个单位组间的方差从总试验误差中分离，因此试验误差更小、精确性更高。数据分析利用有重复两因素方差分析的方法来分析试验结果，方法相对简便。但是，在拉丁方设计中，横行、直列、试验处理都必须相等。试验设计灵活性差，伸缩性小。处理数太少会造成随机误差自由度偏小；处理数多，则工作量太大，所以常用 5～8 个水平处理的试验，而且试验数据不能有所缺失。

拉丁方方差分析（见表 9.5）的基本做法还是将 r^2 个观测值的残差平方和分解为处理、行、列和误差的残差平方和：

$$SS_T = SS_行 + SS_列 + SS_{处理} + SS_e \tag{9.2}$$

表 9.5　拉丁方方差分析表

差异来源	平方和	自由度	均方	F
处理	$SS_f = \dfrac{1}{p}\sum\limits_{j=1}^{p} y_{\cdot j \cdot}^2 - C$	$p-1$	$SS_f/(p-1)$	
行	$SS_r = \dfrac{1}{r}\sum\limits_{i=1}^{r} y_{i \cdot\cdot}^2 - C$	$p-1$	$SS_r/(p-1)$	
列	$SS_c = \dfrac{1}{c}\sum\limits_{k=1}^{c} y_{\cdot\cdot k}^2 - C$	$p-1$	$SS_c/(p-1)$	
误差	SS_e	$(p-2)(p-1)$	MS_e	
总和	SS_T	P^2-1		

五、希腊-拉丁方设计

如果将一个用拉丁字母表示的 $p \times p$ 拉丁方重叠在一个用希腊字母表示的 $p \times p$ 阶拉丁方上，在重合后的拉丁方中，每个希腊字母与拉丁字母同时出现一次，且仅一次，就可以说这两个拉丁方是正交的（orthogonal），此种设计则称为希腊-拉丁方设计（Greco-Latin square design）。表 9.6 就是一个 4×4 希腊-拉丁方的设计表。

表 9.6　希腊-拉丁方设计表

项目		列			
		1	2	3	4
行	1	$A\alpha$	$B\beta$	$C\gamma$	$D\delta$
	2	$B\delta$	$A\gamma$	$D\beta$	$C\alpha$
	3	$C\beta$	$D\alpha$	$A\delta$	$B\gamma$
	4	$D\gamma$	$C\delta$	$B\alpha$	$A\beta$

希腊-拉丁方设计，可用来系统控制三个方面与试验无关的变异来源，即存在 3 个方向的区组。所以该设计可调查四个因素（希腊字母、拉丁字母、行和列），每个因素都是 p 个水平。在 $p>3$ 的拉丁方中，仅有 $p=6$ 不存在正交拉丁方。

希腊-拉丁方的统计模型为：

$$y_{ijkl} = \mu + \theta_i + \tau_j + \tilde{\omega}_k + \psi_l + \xi_{ijkl} \tag{9.3}$$

式中，y_{ijkl} 是第 i 行、l 列、j 个拉丁字母和 k 个希腊字母的观测值；θ_i 是第 i 行效应；ψ_l 是第 l 列效应；τ_j 是拉丁字母第 j 次处理的效应；$\tilde{\omega}_k$ 是希腊字母第 k 次处理的效应；ξ_{ijkl} 是服从 $N(0, \sigma^2)$ 分布的随机误差。注意，希腊-拉丁方同样要求行、列、拉丁字母和希腊字母之间不存在交互作用。其方差分析步骤与拉丁方设计基本相同，具体方差分析见表 9.7。

表 9.7　希腊-拉丁方设计的方差分析

差异来源	平方和	自由度
拉丁字母处理	$SS_L = \sum\limits_{j=1}^{p} \dfrac{y_{\cdot j\cdot\cdot}^2}{p} - \dfrac{y_{\cdots\cdots}^2}{N}$	$p-1$

续表

差异来源	平方和	自由度
希腊字母处理	$SS_G = \sum_{k=1}^{p} \dfrac{y_{..k.}^2}{p} - \dfrac{y_{....}^2}{N}$	$p-1$
行	$SS_R = \sum_{i=1}^{p} \dfrac{y_{i...}^2}{p} - \dfrac{y_{....}^2}{N}$	$p-1$
列	$SS_C = \sum_{l=1}^{p} \dfrac{y_{...l}^2}{p} - \dfrac{y_{....}^2}{N}$	$p-1$
误差	SS_L（相减得来）	$(p-3)(p-1)$
总计	$SS_T = \sum_{i=1}^{p}\sum_{j=1}^{p}\sum_{k=1}^{p}\sum_{l=1}^{p} y_{ijkl}^2 - \dfrac{y_{....}^2}{N}$	p^2-1

六、正交设计

随着因素继续增加，一般的试验处理方法已经很难较好地进行系统的数据分析。这时需要考虑一种新的试验设计方法——正交设计，正交设计最初是由希腊-拉丁方转换得来的，它是多因素分析的有力工具。如表9.8为一个普通的3×3希腊-拉丁方表，A表示行因素，B表示列因素，C表示拉丁字母，D表示希腊字母。

表9.8 希腊-拉丁方设计

项目	B_1	B_2	B_3
A_1	$C_1 D_1$	$C_2 D_2$	$C_3 D_3$
A_2	$C_2 D_3$	$C_3 D_1$	$C_1 D_2$
A_3	$C_3 D_2$	$C_1 D_3$	$C_2 D_1$

将上述表格转换表达方式则可以得到表9.9。

表9.9 希腊-拉丁方设计转换表

序号	因素			
	A	B	C	D
①	1	1	1	1
②	1	2	2	2
③	1	3	3	3
④	2	1	2	2
⑤	2	2	3	1
⑥	2	3	1	2
⑦	3	1	3	2
⑧	3	2	1	3
⑨	3	3	2	1

表中1、2和3表示的是不同水平，每一行中不同水平都出现一次，且只有一次。每一

行的试验组合都不同，每一列中不同水平出现的总次数都相同，这种表称为正交表
（orthogonal array）。正交表是希腊-拉丁方的自然推广，但它又不同于希腊-拉丁方，它可以
用来分析不同因素间的交互作用。

七、析因设计

析因设计（factorial design）也称全因子试验设计，是一种两个或多个因素的交叉分组
设计。它将不同因素的不同水平进行全面排列组合来进行试验。常见的类型有：$2\times2(2^2)$
析因设计（表9.10）、$2\times2\times2(2^3)$ 析因设计（表9.11）及 $3\times3(3^2)$ 析因设计（表9.12）。

表 9.10　$2\times2(2^2)$ 析因设计表

因素	B_1	B_2
A_1	A_1B_1	A_1B_2
A_2	A_2B_1	A_2B_2

如果 2×2 的试验结果满足方差齐性要求，则可以进行方差分析。

表 9.11　$2\times2\times2(2^3)$ 析因设计表

因素	B_1		B_2	
	C_1	C_2	C_1	C_2
A_1	$A_1B_1C_1$	$A_1B_1C_2$	$A_1B_2C_1$	$A_1B_2C_2$
A_2	$A_2B_1C_1$	$A_2B_1C_2$	$A_2B_2C_1$	$A_2B_2C_2$

表 9.12　$3\times3(3^2)$ 析因设计表

因素	B_1	B_2	B_3
A_1	A_1B_1	A_1B_2	A_1B_3
A_2	A_2B_1	A_2B_2	A_2B_3
A_3	A_3B_1	A_3B_2	A_3B_3

析因设计的最大优点是收获的信息量大，具有全面性和均衡性的特点。它不仅可以分析
各因素的主效应，而且可以检验因素间的交互作用以及因素间的最优组合。缺点是需要的试
验次数多、耗费大。因此，当因素数和水平数都较少、且关系比较透彻时，才推荐使用。下
面以 2^2 设计为例说明析因设计分析数据处理的主要步骤。

在 2^2 设计中，每一水平组合下做 n 次重复，两个因子 A 与 B 及其交互作用 $A\times B$ 的效
果分别做如下表述：a 表示 A 在高水平、B 在低水平条件下观测值的和；反之，b 表示 A
在低水平、B 在高水平条件下观测值之和；ab 则表示因子 A 与 B 都在高水平条件下观测值
的和；l 表示因子 A、B 都处于低水平条件下观测值之和。2^2 设计处理结果见图9.1。

则因子 A 在两个水平下的平均效果分别为：

在 B 的低水平时为：$\dfrac{(a-l)}{n}$

在 B 的高水平时为：$\dfrac{(ab-b)}{n}$

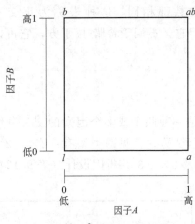

图 9.1 2^2 设计处理结果

其平均效果即为此两水平下的平均值，即：

$$A=\frac{1}{2n}\times[(ab-b)+(a-l)]=\frac{1}{2n}\times(ab+a-b-l)$$

同理可计算出因子 B 的平均效果为：

$$B=\frac{1}{2n}\times[(ab-a)+(b-l)]=\frac{1}{2n}\times(ab+b-a-l)$$

交互作用 $A\times B$ 的效果 $A\times B$ 计算方法是用两高水平与两低水平之和减去另外两项（ A 低 B 高）与（ A 高 B 低）的和，再被 $2n$ 除。即：

$$A\times B=\frac{1}{2n}\times[(ab-b)-(a-l)]=\frac{1}{2n}\times(ab+l-a-b)$$

A、B、$A\times B$ 的离差平方和计算公式如下：

$$S_A=\frac{1}{4n}(control)_A^2=\frac{(ab+a-b-l)^2}{4n}$$

$$S_B=\frac{1}{4n}(control)_B^2=\frac{(ab+b-a-l)^2}{4n}$$

$$S_{A\times B}=\frac{1}{4n}(control)_{A\times B}^2=\frac{(ab+l-a-b)^2}{4n}$$

【例 9.3】 某生化反应设置反应物的浓度为因素 A，两水平（10%、20%）；催化剂的使用为因素 B，也是两水平（用、不用），每个组合做 3 次重复。其试验结果见表 9.13。

表 9.13 试验得出的全部观测值

水平组合		观测值 y_{ik}（$n=3$）			$y_i.$
A_l	B_l	25	22	23	70/l
A_h	B_l	31	29	28	88/a
A_l	B_h	15	16	19	50/b
A_h	B_h	28	26	25	79/ab

由此得出因素 A、B 和 $A\times B$ 交互作用的方差分析表，如表 9.14 所示。

表 9.14 试验数据的方差分析表

差异来源	平方和	自由度	均方	F	显著性
因素 A	184.08	1	184.08	64.82	**
因素 B	70.08	1	70.08	24.68	**
AB	10.08	1	10.08	3.55	
误差 E	22.68	8	2.84		
总和 T	286.92	11			

注：** 表示影响显著。

$$F_{0.01(1,8)}=11.26, \quad F_{0.05(1,8)}=5.23.$$

结论：由表 9.14 可知 A、B 两因素均对化学反应有显著影响，A 与 B 不存在交互作用。2^3 设计的分析原理基本与 2^2 设计分析相同，在此不再赘述。

八、裂区设计

裂区设计（split plot design）实质上是一种二次随机区组（或拉丁方）设计，但它又不同于一般的随机区组设计。因为多因素随机区组设计的研究因素地位相同，精确性一致。而在裂区设计中，将主区分裂为副区，必然造成副区因素重复数大于主区因素。而且，副区因素水平间比较以及副区因素与主区因素交互作用的精确性都显著高于主区因素的精确性。可以说，副区因素是主要研究因素，而主区因素则是次要研究因素。

裂区设计通常在以下几种情况下应用：①某一因素的各处理比另一个因素的各处理需要更大区域时，将需要较大区域的因素设置在主区；②两个因素主效应的重要性不同，某一因素的主效应更为重要，且要求更精确的比较；或者交互作用比其主效应更重要时，都宜采用裂区设计，将要求精确性较高的因素放在副区；③两个因素效应大小不同，将效应大的因素放主区。裂区设计以不同的精确性对不同因素进行分析，可有效节约资源。缺点是试验设计与数据分析较复杂，不易掌握。

因此，裂区试验任一观测值的线性模型为：

$$x_{ijk} = \mu + \gamma_k + \alpha_i + \delta_{ik} + \beta_j + (\alpha\beta)_{ij} + \varepsilon_{ijk} \tag{9.4}$$

$$SS_T = SS_r + SS_A + SS_{ea} + SS_B + SS_{A\times B} + SS_{eb} \tag{9.5}$$

式中，μ 为总体平均数；γ_k 为第 k 个区组效应；α_i 为主区因素 A 第 i 水平的效应；δ_{ik} 为主区误差；β_j 为副区因素 B 第 j 水平的效应；$(\alpha\beta)_{ij}$ 为 A 因素 i 水平与 B 因素 j 水平互作效应；ε_{ijk} 为副区误差；SS_r 为区组平方和，SS_{ea} 与 SS_{eb} 分别为主区和副区误差平方和。

下面以具体实例说明裂区设计的数据分析。

【例 9.4】 研究 2 种不同处理方式的牧草和 4 种添加剂对奶牛产奶量（kg）的影响。采用裂区设计，主区是不同处理方式的牧草（因素 A），副区是添加剂（因素 B）。试验设计了 3 个区组，试验设计与数据处理见表 9.15、表 9.16。

表 9.15 裂区设计

I		II		III	
A_2	A_1	A_1	A_2	A_2	A_1
$B_4B_3B_1B_2$	$B_2B_4B_1B_3$	$B_1B_4B_3B_2$	$B_3B_1B_2B_4$	$B_1B_4B_3B_2$	$B_3B_4B_2B_1$

表 9.16 裂区设计结果　　　　单位：kg

主区	副区	区组(R) I	II	III	T_{AB}	平均值
	B_1	20	18	23	61	20.3
	B_2	22	25	26	73	24.3
A_1	B_3	31	30	33	94	31.3
	B_4	32	34	35	101	33.7
	T_{AR}	105	107	117	329	109.7

续表

主区	副区	区组(R)			T_{AB}	平均值
		Ⅰ	Ⅱ	Ⅲ		
A_2	B_1	23	25	21	69	23
	B_2	23	26	28	77	25.7
	B_3	35	37	36	108	36
	B_4	37	38	35	110	36.7
	T_{AR}	118	126	120	364	121.3
T_R		223	233	237	693	

将结果整理成 A 因素和 B 因素的两向表（表 9.17）。

表 9.17　A 因素和 B 因素的两向数据统计表

因素	B	B_1	B_2	B_3	B_4	T_A	平均值
A	A_1	61	73	94	101	329	27.4
	A_2	69	77	108	110	364	30.3
T_B		130	150	202	211	693	
		21.7	25	33.7	35.2		28.9

校正数：$C = \dfrac{T^2}{abr} = 20010.4$

总平方和：$SS_T = \sum x^2 - C = 20905 - 20010.4 = 894.6$

主区平方和：$SS_{AR} = \dfrac{1}{b} \sum T_{AR}^2 - C = 80.4$

A 因素平方和：$SS_A = \dfrac{1}{br} \sum T_A^2 - C = 51$

区组平方和：$SS_R = \dfrac{1}{ab} \sum T_R^2 - C = 13$

主区误差平方和：$SS_{ea} = SS_{AR} - SS_A - SS_R = 16.4$

处理间平方和：$SS_{AB} = \dfrac{1}{r} \sum T_{AB}^2 - C = 836.6$

B 因素平方和：$SS_B = \dfrac{1}{ar} \sum T_B^2 - C = 777.1$

$A \times B$ 平方和：$SS_{A \times B} = SS_{AB} - SS_A - SS_B = 8.5$

副区误差平方和：$SS_{eb} = SS_T - SS_{AR} - SS_B - SS_{A \times B} = 28.6$

裂区设计的方差分解表与方差分析表分别见表 9.18、表 9.19。

表 9.18　裂区设计的方差分解表

差异来源		df	SS
主区部分	区组	$r-1$	$SS_R = \dfrac{1}{ab} \sum T_R^2 - C$

续表

差异来源		df	SS
主区部分	A	$a-1$	$SS_A=\dfrac{1}{br}\sum T_A^2-C$
	误差 a	$(a-1)(r-1)$	$SS_{ea}=SS_{AR}-SS_A-SS_R$
	主区总变异	$ar-1$	$SS_{AR}=\dfrac{1}{b}\sum T_{AR}^2-C$
副区部分	B	$b-1$	$SS_B=\dfrac{1}{ar}\sum T_B^2-C$
	$A\times B$	$(a-1)(b-1)$	$SS_{A\times B}=SS_{AB}-SS_A-SS_B$
	误差 b	$a(b-1)(r-1)$	$SS_{eb}=SS_T-SS_{AR}-SS_B-SS_{A\times B}$
	副区总变异	$abr-1$	$SS_T=\sum x^2-C$

表 9.19 裂区设计方差分析表

差异来源		df	SS	MS	F	$F_{0.05}$	$F_{0.01}$
主区部分	区组	2	13	6.5	0.8	19.00	99.00
	A	1	51	51	6.2	18.51	98.49
	主区误差	2	16.4	8.2			
副区部分	B	3	777.1	259.0	107.9＊＊	3.49	5.95
	$A\times B$	3	8.5	2.8	1.2	3.49	5.95
	副区误差	12	28.6	2.4			
总变异		23	516.12				

注：＊＊表示影响显著。

区组间与因素 A 都差异不显著，添加剂（B）水平间对产奶量有极显著差异，需继续作多重比较来进一步寻找最优组合。

习　题

1. 研究胰岛素注射液剂量对大鼠 STZ 糖尿病血糖下降的影响，采用 4×4 拉丁方设计（见表 9.20），试对试验结果进行方差分析。

表 9.20 四种胰岛素注射液剂量对 STZ 糖尿病大鼠血糖下降百分比的影响

试验日期/d	STZ 糖尿病大鼠			
	1 号	2 号	3 号	4 号
1	C23.6	A16.6	B23.9	D48.3
2	B24.2	D34.8	C24.5	A16.9
3	A13.7	C22.1	D37.6	B26.6
4	D36.8	B26.5	A15.2	C24.3

2. 用三种方法从一种野生植物中提取有效成分，设置 4 种不同浓度加入培养基，观察该成分对细胞转化的刺激作用。由于工作量较大，每天只能完成一个重复，三天完成了三个重复。试验同时考察了三种提取方法对试验结果的影响，具体试验设计与数据见表 9.21。请对该试验结果进行分析。

表 9.21　野生植物中有效成分提取试验结果表

天(区组，A)		A_1			A_2			A_3		
提取方法(B)		B_1	B_2	B_3	B_1	B_2	B_3	B_1	B_2	B_3
浓度(C)	C_1	43	48	43	41	45	44	44	48	44
	C_2	48	54	40	46	49	43	51	53	47
	C_3	50	52	46	53	55	46	54	52	53
	C_4	50	55	49	54	54	53	54	57	58

第十章
正交设计与均匀设计

在实际生产和科研工作中，有时候需要在短时间内完成对多因素的考察。以往试验设计过程中的全因子设计，假设有 k 个因素，每个因素 e 个水平，则其试验次数需要 e^k，3 因素 3 水平全因子设计就需要 27 次试验，这必然造成工作量大、试验周期长、人力物力消耗大等问题，有时候试验是很难完成的。正交试验设计（orthogonal design）也称部分因子设计，是研究多因素多水平的一种快捷试验设计方法。它根据正交性原则从全面试验中挑选出一些有代表性的点进行试验，而且这些点常常具备了"均匀分散，整齐可比"的特点。这样就可以在较短时间内利用较少的试验次数，获得很多有价值的信息。可以说正交试验设计是一种快速、高效、经济的试验设计方法。

第一节　正交表的特点与类型

一、正交表的特点

正交表具有正交性特点：①每纵列中每种数字（水平）出现的次数都相等，这体现了正交表"均衡分散性"的特点；②任意两列中，两因素不同水平的所有搭配都有出现，且出现次数相同，这体现了正交表的"整齐可比性"。基于以上两个特点，可以说正交表设计的试验方案是具有一定代表性的，能较全面反映不同因素和不同水平对响应值影响的大致情况。此外，正交表中所有试验都是相对独立的，没有完全相同的试验，所以其不同的结果间不能进行比较。图 10.1 就是 $L_9(3^4)$ 的试验点分布，每个平面都有三个试验点，三个试验点分布相对均衡，最大限度排除了非均衡性所造成的试验误差。

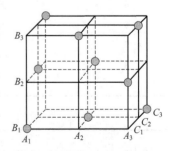

图 10.1　正交表试验点分布

从正交表的特点可以得出，正交表具有试验次数少，可节省时间、人力和物力的优点；其次还具有试验效果好的优点，因为它既可以比较不同因素影响大小，又可以比较因素间的交互作用，还可以得出不同因素水平间的最佳组合；此外，还具有方法简单易行、分析简单快捷的特点。

二、正交表的分类

正交表可以用 $L_N(m^k)$ 表示，N 表示试验次数，k 表示可容纳的最多因素数，m 表示因素的水平数。如 $L_8(2^7)$ 表示 7 因素的 2 水平正交表，总试验次数为 8 次。$L_N(m_1^{k_1} \times m_2^{k_2})$ 则表示混交表，它表示 k_1 因素 m_1 水平部分正交表与 k_2 因素 m_2 水平部分正交表混合形成的正交表，总试验次数为 N 次。例如 $L_{16}(4^3 \times 2^6)$ 表示有 3 个因素，每个因素具有 4 水平，另外 6 个因素，每个因素为 2 水平，总共 16 次试验的混交表。混交表主要满足了对重点因素以更多水平考察的需求。具体见表 10.1～表 10.3。

表 10.1 $L_8(2^7)$ 正交表

试验号	列号							指标
	1	2	3	4	5	6	7	
1	1	1	1	1	1	1	1	y_1
2	1	1	1	2	2	2	2	y_2
3	1	2	2	1	1	2	2	y_3
4	1	2	2	2	2	1	1	y_4
5	2	1	2	1	2	1	2	y_5
6	2	1	2	2	1	2	1	y_6
7	2	2	1	1	2	2	1	y_7
8	2	2	1	2	1	1	2	y_8

表 10.2 $L_9(3^4)$ 正交表

试验号	列号				指标
	1	2	3	4	
1	1	1	1	1	y_1
2	1	2	2	2	y_2
3	1	3	3	3	y_3
4	2	1	2	3	y_4
5	2	2	3	1	y_5
6	2	3	1	2	y_6
7	3	1	3	2	y_7
8	3	2	1	3	y_8
9	3	3	2	1	y_9

表 10.3 $L_{16}(4^3 \times 2^6)$ 混交表

试验号	列号								
	1	2	3	4	5	6	7	8	9
1	1	1	1	1	1	1	1	1	1
2	1	2	2	1	1	2	2	2	2

试验号	列号								
	1	2	3	4	5	6	7	8	9
3	1	3	3	2	2	1	1	2	2
4	1	4	4	2	2	2	2	1	1
5	2	1	2	2	2	1	2	1	2
6	2	2	1	2	2	2	1	2	1
7	2	3	4	1	1	1	2	2	1
8	2	4	3	1	1	2	1	1	2
9	3	1	3	1	2	2	2	2	1
10	3	2	4	1	2	1	1	1	2
11	3	3	1	2	1	2	2	1	2
12	3	4	2	2	1	1	1	2	1
13	4	1	4	2	1	2	1	2	2
14	4	2	3	2	1	1	2	1	1
15	4	3	2	1	2	2	1	1	1
16	4	4	1	1	2	1	2	2	2

第二节　正交试验设计

一、正交试验设计步骤

正交试验设计的步骤可以分为如下几个部分：

① 明确试验目的，确定检测指标，如产量、纯度等；

② 确定需要考察的因素和其各自的水平，选择过程中注意选主略次；

③ 选择合适的正交表，并进行表头设计，注意因素数≤正交表列数；

④ 编制试验方案；

⑤ 试验结果分析，得出结论；

⑥ 验证试验，确立最优方案。

二、表头设计

将试验因素安排到所选正交表相应列上的过程称作表头设计。根据因素之间交互作用存在与否，表头设计可以分为两种类型：①不考察交互作用的表头设计，此类设计只考察主效应，因素放在哪一列对结果几乎没有影响，设计相对简单随意；②考察交互作用的表头设计。有些因素对试验结果的影响是互相制约、互相联系的。此种设计在考察主效应的同时，还要考虑因素间的交互作用，即因素各水平间搭配问题。因素 A 与 B 的交互作用，常记作 $A \times B$。当交互列确定之后，它将与主因素具有同等地位，也要单独分析比较。

二列间交互作用如表 10.4 所示。带括号的列号从左往右看，不带括号的列号从上往下看，交叉处的数字就是两列交互列的列号。例如要查第 1 列和第 2 列的交互列，先找到 (1)，从左往右查找，随后从表最上端的列号中找到 2，从上往下查，交叉处的数字是 3，即表示第 1 列和第 2 列的交互列是第 3 列，所以在正交试验设计中第 3 列一般不放置因素，防止出现混杂。

表 10.4　$L_8(2^7)$　二列间交互作用表

列号	1	2	3	4	5	6	7
	(1)	3	2	5	4	7	6
		(2)	1	6	7	4	5
			(3)	7	6	5	4
				(4)	1	2	3
					(5)	3	2
						(6)	1
							(7)

三、有交互作用的试验设计

以下通过具体例子说明利用正交表安排有交互作用试验的步骤。

为提高某一化学反应的产率，设计试验考察四个因素，分别是反应温度 A、反应时间 B、操作方式（是否搅拌）C 和硫酸浓度 D，每个因素取两个水平，试验水平设计如表 10.5 所示。

表 10.5　试验水平设计表

项目	反应温度/℃ A	反应时间/h B	操作方式 C	硫酸浓度/% D
1	40	1	不搅拌	15
2	80	2	搅拌	25

除了考察四个因素的主效应外，建议考察 $A \times B$ 和 $A \times D$，其他交互不考虑，请设计这一试验。

本例的试验目是提高产率，试验目的明确，因素与水平已经设计完成，主要工作就是选择正交表进行表头设计。本试验考察四个主效应和 2 个交互作用，总共需要 6 列，可以利用 $L_8(2^7)$ 正交表进行本试验设计。如果把 A，B 两因素分别放在第 1、2 两列，因为要考察 $A \times B$，依据表 10.4 可以把 $A \times B$ 放在第 3 列。如果把 C 放在第 4 列，D 放在第 7 列，则 $A \times D$ 应该放在第 6 列（表 10.6）。

表 10.6　表头设计表

列号	1	2	3	4	5	6	7
因素	A	B	$A \times B$ $C \times D$	C	$A \times C$ $B \times D$	$A \times D$ $B \times C$	D

在同一列中，安排了 2 个或者 2 个以上因素（交互作用）的现象称为混杂，这种情况就

无法区分这两个因素的效果。因此，避免混杂也是表头设计的一个重要原则。像此例中，第3列也是第4与第7列的交互列。如果也要比较$C \times D$，那么第3列就出现了混杂。为了避免"混杂"，就需要更大的正交表来安排试验。如果有时候确实难以避免，就优先安排重点考察的因素或者涉及交互作用多的因素，随后再安排其他的次要因素。从而适当忽略不重要的交互作用以达到减少试验工作量的目的。此外，对于三水平正交表，一般不安排交互作用。

试验过程中可以采用抽签的方法来决定试验次序，这样得到的数据可排除很多主观因素或者客观条件的干扰。试验结束后，对于绝大多数指标来说是越大越好，这时候每个因素选择指标更大的水平作为优水平，各个优水平的组合即试验的优方案。

统计分析得出的优方案还需要进一步进行试验验证，以保证优方案的真实可靠。同时将优方案与正交表中最好的一组试验方案进行比较，通常优方案好于最好的一组试验组合，基本上可以确定优方案正确、可行。有些情况也会出现优方案不如最优的试验组合，这很可能是由试验误差或者忽略交互作用造成的，需要进一步改进试验方法和方案。

第三节　正交试验的极差分析

一、单指标正交试验的极差分析

正交试验的结束意味着正交试验数据分析的开始，一般采用极差分析法或方差分析法。通过这两种分析方法可以确定因素影响大小、最优试验组合、因素间的交互作用以及因素影响的显著程度等问题。下面先来介绍直观分析法，即极差分析法。

【例 10.1】　作为一种新型的食品乳化剂，柠檬酸硬脂酸单甘酯是由柠檬酸与硬脂酸单甘酯在一定真空度下，通过酯化反应制得的。现在要对其合成工艺进行优化，来提高乳化剂的乳化能力（以乳状液层所占体积分数表示）。

试验设计见表 10.7，试验结果见表 10.8。

表 10.7　例 10.1 的因素水平表

水平	温度(A)/℃	酯化时间(B)/h	催化剂种类(C)
1	130	3	甲
2	120	2	乙
3	110	4	丙

表 10.8　例 10.1 的优化试验方案与试验结果分析

试验号	A	空列	B	C	乳化能力
1	1	1	1	1	0.53
2	1	2	2	2	0.75
3	1	3	3	3	0.61
4	2	1	2	3	0.87

续表

试验号	A	空列	B	C	乳化能力
5	2	2	3	1	0.85
6	2	3	1	2	0.81
7	3	1	3	2	0.69
8	3	2	1	3	0.63
9	3	3	2	1	0.66
K_1	1.89	2.09	1.97	2.04	
K_2	2.53	2.23	2.28	2.25	
K_3	1.98	2.08	2.15	2.11	
k_1	0.63	0.70	0.66	0.68	
k_2	0.84	0.74	0.76	0.75	
k_3	0.66	0.69	0.72	0.70	
极差 R	0.64	0.15	0.31	0.21	
因素主次			$A\ B\ C$		
优方案			$A_2 B_2 C_2$		

下面讲述此试验结果的直观分析步骤：

① 计算 K_i 和 k_i。假设 K_i 为每一列中 i 水平所有数据之和，则第一列的 K_1 为所有一水平数据的加和，即 $K_1=0.53+0.75+0.61=1.89$，水平的算术平均值 $k_i=K_i/S$，S 表示任一列上 i 水平出现的次数，那么第一列一水平的算术平均值为 $k_1=1.89/3=0.63$。

② 绘制因素指标趋势图。为了更好地考察不同因素与试验指标之间的关系，可以将因素水平作为横坐标，试验指标的平均值 k 作为纵坐标，绘制因素指标趋势图（图 10.2），这样看起来会更直观形象。在绘图时要注意，对于数量因素，横坐标上的点应按水平的实际值大小顺序排列，而不是按照水平来排列，各点相连接构成折线图。但是对于属性因素（如催化剂种类），因为水平值不是连续变化的数值，横坐标可不用重新排列，也不必将点相连成折线。

③ 极差 R 的计算。$R=\max(K_1,K_2,K_3)-\min(K_1,K_2,K_3)$。本例的 K_i、k_i 和 R 的计算数据见表 10.8。一般情况下，不同列的极差是不相等的，这反映了不同因素的水平变化对试验结果的影响程度是不相同的。这其中极差最大的那一个因素是对试验结果影响最大的因素。有时会出现空白列的极差比试验因素列的极差还要大，这说明因素之间很可能存在较强的交互作用或者水平设计有问题。

④ 优方案确定。在试验范围内，通过比较试验极差确定因素的影响程度，根据试验要求选取最好的试验水平。而对于一些不重要的因素，当不同水平差异不大时，可以依据降低消耗、提高效率的原则来筛选水平。本试验最后的优方案为 $A_2 B_2 C_2$。

⑤ 试验验证。将上一步骤筛选出的优方案 $A_2 B_2 C_2$ 与正交试验中最好的试验组合（本试验最好的试验组合为第 4 号试验方案 $A_2 B_2 C_3$）两组一起做对比试验。如果优方案

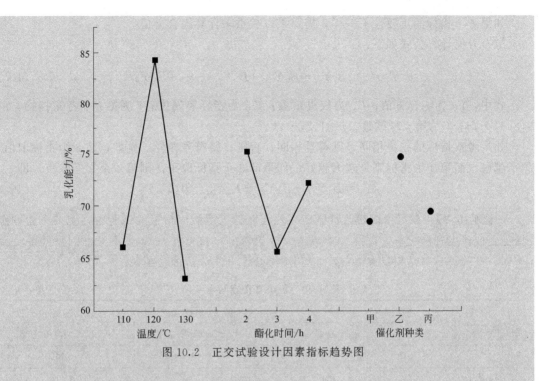

图 10.2　正交试验设计因素指标趋势图

$A_2B_2C_2$ 比第 4 号试验的效果更好，则确定 $A_2B_2C_2$ 是真正的优方案。反之，若第 4 号试验好于优方案，很可能是交互作用或者试验误差的影响，需要重新分析或者设计试验，再进行优方案的确定。新的试验也可以只考虑主要因素，次要因素可固定在前面推算出的较好水平上，再者还要考虑交互作用或试验误差原因。

二、多指标正交试验的极差分析

当试验指标只有一个时，考察相对简单易行。但在实际工作中，可能需要考察多个指标，且不同指标的重要程度不同，不同因素对这些指标的影响程度也不一致。怎样分析多个指标的试验结果呢？这就需要综合评分法。此外，有时候多个指标的试验结果会出现相互矛盾的情况，这就需要综合平衡法。在实际应用中，究竟是选择综合评分法还是综合平衡法，要根据具体情况而定，有时也可以将两者结合起来使用。

（一）综合评分法

综合评分法是指将多指标的分析结果通过某种公式或者权重转化为单指标，然后进行数据分析。但是如果指标是定性的，则只能依靠经验或专业知识给出一个分值，然后将这些非数量化指标转化为数量化指标。综合评分法常用隶属度进行总指标的计算，其中隶属度的计算公式如下：

$$Y_{ij} = \frac{y_{ij} - y_{i\min}}{y_{i\max} - y_{i\min}} \tag{10.1}$$

式中，Y_{ij} 为指标隶属度；y_{ij} 为指标值；i 为第 i 个考察指标，$i=1,2,3,\cdots,n$；j 为第 j 号试验，$j=1,2,\cdots,k$；$y_{i\min}$ 为第 i 个考察指标最小值；$y_{i\max}$ 为第 i 个考察指标最大值。

可见，指标隶属度的取值范围为 $0 \leqslant Y_{ij} \leqslant 1$。

如果各个指标的重要性不一样，需要乘以权重来计算综合分值。

综合分值计算公式如下：

$$Y_j = \sum_{i=1}^{n} B_i Y_{ij} = B_1 Y_{1j} + B_2 Y_{2j} + \cdots + B_n Y_{nk} \tag{10.2}$$

式中，Y_j 为综合分值；B_i 为权重系数；Y_{ij} 为指标隶属度；i 为第 i 个考察指标，$i = 1,2,3,\cdots,n$；j 为第 j 号试验，$j = 1,2,\cdots,k$。

如果考察指标的趋势相同，则符号相同；否则，则符号相异。例如，前 3 个指标取值是越小越好，而第 4 个指标则是越大越好；如果前 3 个指标取正，则第 4 个指标取负。即

$$Y_j = B_1 Y_{1j} + B_2 Y_{2j} + B_3 Y_{3j} - B_4 Y_{4j} \tag{10.3}$$

【例 10.2】 在玉米淀粉改性制备高取代度的三乙酸淀粉酯的试验中，主要考查两个指标：取代度和酯化率，这两个指标越大效果越好，权重各占 50% 不考虑因素间的交互作用，试验设计与结果见表 10.9，请利用综合评分法分析试验结果。

表 10.9 例 10.2 因素与水平表

水平	因素		
	A 反应时间/h	B 吡啶用量/g	C 乙酸酐用量/g
1	3	150	100
2	4	90	70
3	5	120	130

解：本题是一个 3 因素 3 水平的试验，由于不考虑交互作用，所以可选用 $L_9(3^4)$ 正交表来安排试验。表头设计、试验方案及试验结果如表 10.10 所示。

表 10.10 例 10.2 的试验方案及试验结果

编号	A 反应时间/h	B 吡啶用量/g	e	C 乙酸酐用量/g	取代度	酯化率/%	取代度隶属度	酯化率隶属度	综合分值
1	1(3)	1(150)	1	1(100)	2.97	65.33	1	1	1.00
2	1	2(90)	2	2(70)	2.21	40.56	0	0	0.00
3	1	3(120)	3	3(130)	2.41	54.26	0.26	0.55	0.41
4	2(4)	1	2	3	2.71	41.03	0.66	0.02	0.34
5	2	2	3	1	2.45	56.21	0.32	0.63	0.48
6	2	3	1	2	2.43	43.28	0.29	0.11	0.20
7	3(5)	1	3	2	2.73	41.53	0.68	0.04	0.36
8	3	2	1	3	2.52	56.39	0.41	0.64	0.53
9	3	3	2	1	2.93	60.39	0.95	0.80	0.88
K_1	1.41	1.70	1.73	2.36					
K_2	1.02	1.01	1.22	0.56					
K_3	1.77	1.49	1.25	1.28					
R	0.75	0.69	0.51	1.80					

由表 10.10 可以看出，因素主次为 $C>A>B$，优方案组合为 $A_3B_1C_1$，但是这个组合不包括在上述 9 个试验中。所以接下来应按照最优方案实施试验验证，并与正交表中第 1 号试验的结果进行对比，从而确定真正的最优方案。综合评分法通过适当的评分方法将多指标问题转换成单指标问题，使结果的分析讨论变得更加简洁方便。但是，结果的可靠性和有效性还取决于评分与权重设置的合理性，如果评分标准、方法不合适，指标的权重不恰当，所得到的试验结论就会有偏差，所以对于综合评分法来说，确定合理的评分标准和权重是综合评分的关键。很多时候是需要根据专业知识、实践经验等信息，来分析确定的。

（二）综合平衡法

在多指标数据分析中常用综合平衡法来进行分析。综合平衡法所依据的主要原则如下：①一个因素对某一个指标是主要影响因素，但对其他指标则可能是次要因素，那么在确定该因素的优水平时，应先选取作为主要因素时的优水平；②若某个因素对各指标的影响程度差别不大，此时可按"少数服从多数"的原则，选择出现次数较多的优水平；③当出现某因素各水平相差不大时，可依据降低消耗、提高效率的原则来选取合适的优水平；④如果出现各试验指标的重要程度不同，则应先考虑相对重要指标的优水平。

【例 10.3】 利用乙醇溶液作溶剂提取葛根中有效成分，为了提高有效成分的提取率，需要对提取工艺进行优化，主要考察三项指标：提取物得率、葛根总黄酮含量与总黄酮中葛根素含量，三个指标越大，效果越好。试验选取了 3 个因素：乙醇浓度、液固比和回流次数来进行正交试验，每个因素各取 3 个水平，利用正交表 $L_9(3^4)$ 来安排试验，具体设计见表 10.11 与表 10.12，不考虑因素之间的交互作用，试利用综合平衡法对试验结果进行分析。

表 10.11 例 10.3 的因素与水平表

水平	乙醇浓度(A)/%	液固比(B)	回流次数(C)
1	80	7	1
2	60	6	2
3	70	8	3

表 10.12 例 10.3 的试验方案及试验结果

试验号	A	B	空列	C	提取物得率/%	葛根总黄酮含量/%	葛根素含量/%
1	1	1	1	1	6.3	5.2	2.1
2	1	2	2	2	7.6	6.5	2.7
3	1	3	3	3	7.7	7.1	2.7
4	2	1	2	3	8.1	6.9	2.5
5	2	2	3	1	6.9	6.7	2.4
6	2	3	1	2	8.3	6.8	2.6
7	3	1	3	2	7.5	7.2	2.9
8	3	2	1	3	8.3	7.9	3.2
9	3	3	2	1	6.8	7.1	2.3

该试验分析与单指标正交试验的分析方法基本相同，先分别对各项指标进行极差分析，得出因素的主次顺序和优方案组合。由表 10.13 可知，对于不同的指标而言，同一因素的影响程度是不一样的，提取物得率的优方案为 $C_3A_2B_2$ 或 $C_3A_2B_3$，葛根总黄酮含量的优方案为 $A_3C_3B_2$，葛根素含量的优方案为 $C_3A_3B_2$。可见不同因素对 3 个指标影响的重要性是不一致的，不同指标的优方案也是不同的，这时就需要利用综合平衡法来进行综合分析。各因素与各指标的趋势图见图 10.3。对于因素 A：后两个指标都以取 A_3 较好，而且在葛根总黄酮含量这一指标中，A 因素是影响最大的因素，因此在确定优水平时要重点考虑。而且对于提取物得率这一指标中 A 取 A_2 和 A_3 结果差距不大，且此时 A 为较次要的因素，所以依据多数倾向和指标的重要程度，A 因素选取 A_3 因素。因素 B：提取物得率这一指标取 B_2 或 B_3 都可以，其他两个指标都是取 B_2 更好，本着少数服从多数的原则，此处 B 取 B_2；此外，在这三个指标中，B 因素的重要性基本都处于末位，所以 B 对试验结果影响较小，此时可以本着降低能耗、节约成本的原则，来选取 B 水平。因素 C：对于 3 个指标来说，因素 C 最没有争议，都以 C_3 为最好。综合上述的分析，本试验的优方案为 $A_3B_2C_3$，即乙醇浓度 70%、液固比 6、回流 3 次。可见，在进行综合平衡时，一般依据三条原则：第一，主要因素优先；第二，少数服从多数；第三，降低消耗、提高效率或根据市场需求等情况。

表 10.13　例 10.2 的试验结果分析

指标		A	B	空列	C
提取物得率/%	K_1	21.6	21.9	22.9	20
	K_2	23.3	22.8	22.5	23.4
	K_3	22.6	22.8	22.1	24.1
	k_1	7.2	7.3	7.6	6.7
	k_2	7.8	7.6	7.5	7.8
	k_3	7.5	7.6	7.4	8.0
	R	1.7	0.9	0.8	4.1
	优方案	$C_3A_2B_2$ 或 $C_3A_2B_3$			
葛根总黄酮含量/%	K_1	18.8	19.3	19.9	19
	K_2	20.4	21.1	20.5	20.5
	K_3	22.2	21	21	21.9
	k_1	6.3	6.4	6.6	6.3
	k_2	6.8	7.0	6.8	6.8
	k_3	7.4	7	7	7.3
	R	3.4	1.8	1.1	2.9
	优方案	$A_3C_3B_2$			
葛根素含量/%	K_1	7.5	7.5	7.9	6.8
	K_2	7.5	8.3	7.5	8.2

指标		A	B	空列	C
葛根素含量/%	K_3	8.4	7.6	8	8.4
	k_1	2.5	2.5	2.6	2.3
	k_2	2.5	2.8	2.5	2.7
	k_3	2.8	2.5	2.7	2.8
	R	0.9	0.8	0.5	1.6
	优方案		$A_3B_2C_3$		

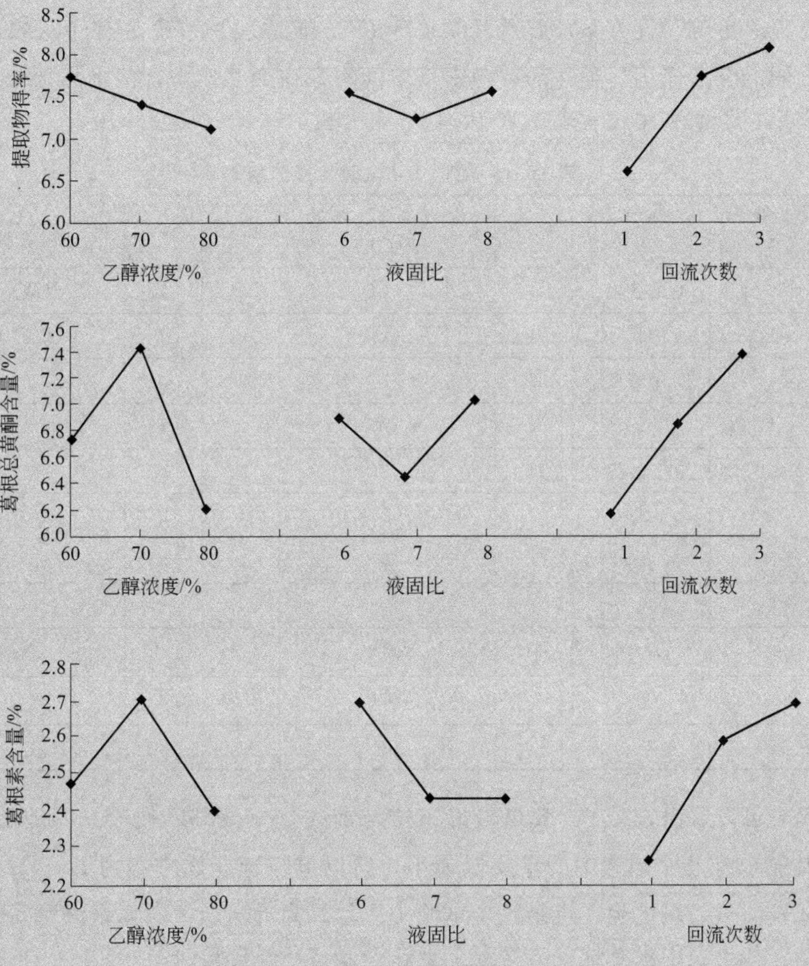

图 10.3　各因素与各指标的趋势图

三、有交互作用正交试验的极差分析

有交互作用正交试验的表头设计，交互作用可以当作一个新的因素放入交互列中，交互作用以乘号表示。交互列的数据分析也跟正常列的数据分析不同，有交互作用因素的数据分析要利用二元表来选择最优组合。下面以例 10.4 为例讲述有交互作用的正交试验的极差分析方法。

【例 10.4】 某养殖队欲用正交试验研究海带品种、密度、施肥方式与施肥量四个因素对海带产量的影响，具体试验设计方案见表 10.14。

表 10.14 例 10.4 因素与水平表

项目	(A)品种	(B)密度	(C)施肥量/(kg/亩)	(D)施肥方式
1	1 号	三簇夹	10	挂袋
2	2 号	单密夹	15	泼洒

由表 10.15，可以初步判断品种和施肥方式对产量有较显著的影响，而密度、施肥量对产量没有显著影响，优方案应该为 $D_2A_1B_1C_1$。但是这一结论是有问题的，因为没有考虑因素之间的交互作用。虽然品种与密度之间不存在交互作用，但是品种与施肥量之间存在交互作用。下面利用二元表（表 10.16）来分析 $A \times C$ 的交互作用。

表 10.15 例 10.4 试验结果分析表

项目	品种 (A)	密度 (B)	$A \times B$	施肥量/(kg/亩) (C)	$A \times C$	e	施肥方式 (D)	产量 /kg
1	1(1 号)	1(三簇夹)	1	1(10)	1	1	1(挂袋)	820
2	1	1	1	2(15)	2	2	2(泼洒)	1010
3	1	2(单密夹)	2	1	1	2	2	930
4	1	2	2	2	2	1	1	920
5	2(2 号)	1	2	1	2	1	2	950
6	2	1	2	2	1	2	1	800
7	2	2	1	1	2	2	1	880
8	2	2	1	2	1	1	2	800
K_1	3680	3580	3510	3580	3350	3490	3420	
K_2	3430	3530	3600	3530	3760	3620	3690	
R	250	50	90	50	410	130	270	

从二元表可以看出，A_1C_2 效果最好，这与前述优方案基本吻合，只是因素 C 不吻合，但是因素 C 在几个因素中的重要性最小，所以最终选择优方案为 $D_2A_1B_1C_2$。这一方案是正交表的第二组试验，也是整个试验中产量最高的一组，所以最终确定最优方案为 $D_2A_1B_1C_2$。如果表中没有这一方案还需要进一步进行试验验证。

表 10.16 A 与 C 交互作用分析

项目	C_1	C_2
A_1	$\dfrac{820+930}{2}=875$	$\dfrac{1010+920}{2}=965$
A_2	$\dfrac{950+880}{2}=915$	$\dfrac{800+800}{2}=800$

第四节　正交试验的方差分析

正交表的数据分析，除了常见的极差分析外，更有说服力的是正交试验的方差分析。现以总试验次数为 n，水平数为 r，列数为 m 的正交表 $L_n(r^m)$ 为例说明正交试验数据的方差分析。

一、方差分析

1. 离差平方和的计算

设正交试验的结果为 $y_i(i=1,2,\cdots,n)$，则总残差平方和为：

$$SS_T = \sum_{i=1}^{n}(y_i - \overline{y})^2 = \sum_{i=1}^{n}y_i^2 - \frac{1}{n}\left(\sum_{i=1}^{n}y_i\right)^2 \tag{10.4}$$

第 j 列残差平方和的计算，与方差分析章节的原理相同，其计算公式为：

$$SS_j = \frac{n}{r}\sum_{i=1}^{r}(k_i - \overline{y})^2 = \frac{r}{n}\sum_{i=1}^{r}K_i^2 - \frac{1}{n}T^2 \tag{10.5}$$

对于 $L_9(3^4)$ 每一列残差平方和的计算公式则变化为：

$$SS_j = \frac{1}{3}\sum_{i=1}^{3}K_i^2 - \frac{1}{9}T^2 = \frac{1}{3}(K_1^2 + K_2^2 + K_3^2) - \frac{T^2}{9} \tag{10.6}$$

对于 $L_8(2^7)$ 每一列残差平方和的计算公式则变化为：

$$SS_j = \frac{1}{4}\sum_{i=1}^{2}K_i^2 - \frac{1}{8}T^2 = \frac{1}{4}(K_1^2 + K_2^2) - \frac{(K_1 + K_2)^2}{8} = \frac{(K_1 - K_2)^2}{8} = \frac{R_j^2}{8} \tag{10.7}$$

2. 自由度的计算

各列自由度为该列水平数减 1，随机误差自由度为各个空列自由度之和，必要时可以将因素列中残差平方和小于空列的自由度合并入随机误差自由度。总自由度为所有列自由度之和，也等于总试验次数减 1。

$$\mathrm{d}f_T = \sum_{j=1}^{r_j}f_j = n-1 \tag{10.8}$$

$$f_j = r_j - 1 \tag{10.9}$$

3. F 检验

F 检验同前面方差分析章节，在此不再赘述。

【例 10.5】　利用正交表 $L_8(2^7)$ 研究细菌培养基中的 3 种成分 A、B、C 对细菌生长（菌浓度）的影响，考虑 A、B 间和 A、C 间的交互作用，具体试验设计与结果见表 10.17。

表 10.17　培养基成分对细菌生长试验数据统计表

试验号	A	B	$A \times B$	C	$A \times C$	e	e	结果
1	1	1	1	1	1	1	1	1.65
2	1	1	1	2	2	2	2	2.11
3	1	2	2	1	1	2	2	1.68

续表

试验号	A	B	$A \times B$	C	$A \times C$	e	e	结果
4	1	2	2	2	2	1	1	2.23
5	2	1	2	1	2	1	2	1.93
6	2	1	2	2	1	2	1	1.21
7	2	2	1	1	2	2	1	1.78
8	2	2	1	2	1	1	2	1.18
K_1	7.67	6.9	6.72	7.04	5.72	6.99	6.87	
K_2	6.1	6.87	7.05	6.73	8.05	6.78	6.9	
R	1.57	0.03	0.33	0.31	2.33	0.21	0.03	

对于 $L_8(2^7)$ 正交表残差平方和的计算:

$$SS_j = \frac{1}{4} \sum_{i=1}^{2} K_i^2 - \frac{1}{8} T^2 = \frac{R_j^2}{8} \tag{10.10}$$

每列自由度的计算: $f_j = r_j - 1 = 1$

将小于随机误差列的残差平方和（B 列）与随机误差的残差平方和合并后，整理得到如下方差分析表（表 10.18）。

表 10.18　方差分析表

项目	$SS \times 10^{-3}$	df	$MS \times 10^{-3}$	F	F 临界值	显著性
A	308.11	1	308.11	160.47		**
$A \times B$	13.61	1	13.61	7.09	$F_{0.05,(1,3)}$	
C	12.01	1	12.01	6.26	$=10.13$ $F_{0.01,(1,3)}$	
$A \times C$	678.61	1	678.61	353.44	$=34.12$	**
e	5.74	3	1.92			

注: ** 表示影响显著。

从方差分析结果来看，A 因素、$A \times C$ 对试验结果影响极显著，C 因素与 $A \times B$ 对试验结果影响不显著。优方案初步定为 $A_1 C_1 B_1$ 或者 $A_1 C_1 B_2$。下面进一步利用二元表对 $A \times C$ 进行分析（表 10.19）。

表 10.19　A 与 C 交互作用分析表

项目	C_1	C_2
A_1	1.67	2.17
A_2	1.86	1.2

由二元表可以看出，$A_1 C_2$ 效果最好，所以最后的优方案为 $A_1 C_2 B_1$ 或者 $A_1 C_2 B_2$，最后回到表 10.17 中发现 $A_1 C_2 B_2$ 效果最好，所以最终选择 $A_1 C_2 B_2$。当然 B 因素也可以根据节约能耗、效率优先的原则来选择。

二、混合水平正交试验的方差分析

正交试验中有时候某些因素要重点考察，或者有些因素受实际条件限制无法取多水平，这时候就需要使用混合水平正交表了。混合水平正交表可以由水平数相同的正交表使用并列法改造而成，下面以将 $L_8(2^7)$ 改造为 $L_8(4\times 2^4)$ 为例来说明并列法的构造过程。依据 $L_8(2^7)$ 前三列同一行三个数字的排列情况分为（1,1,1）、（1,2,2）、（2,1,2）和（2,2,1）四组数据，将它们分别用 1、2、3、4 来表示即获得 $L_8(4\times 2^4)$ 混合水平正交表。

【例 10.6】 培养基中组分对某提取物的产量影响很大，现利用 $L_8(4\times 2^4)$ 混合水平正交表来研究黄豆饼粉（%）、蛋白胨（%）和葡萄糖（%）对某提取物产量的影响，具体试验设计与结果见表 10.20。

表 10.20 培养基中组分对提取物产量的影响

试验号	黄豆饼粉/% A	蛋白胨/% B	空列 C	空列 D	葡萄糖/% E	产量/mg
1	1(1)	1(0.5)	1(0.1)	1	1(5)	38
2	1	2(1)	2(0.2)	2	2(8)	44
3	2(1.5)	1	1	2	2	39
4	2	2	2	2	1	43
5	3(2)	1	2	1	2	50
6	3	2	1	2	1	55
7	4(2.5)	1	2	2	1	51
8	4	2	1	1	2	61
K_1	82	178	193	192	187	
K_2	82	203	188	189	194	
K_3	105					
K_4	112					

（1）计算离差平方和

总离差平方和：$SS_T = \sum_{i=1}^{n} y_i^2 - \frac{1}{n}\left(\sum_{i=1}^{n} y_i\right)^2 = 18597 - 18145.13 = 451.87$

因素的离差平方和：$SS_A = \frac{r}{n}\sum_{i=1}^{r} K_i^2 - \frac{1}{n}T^2 = \frac{1}{2}(K_1^2 + K_2^2 + K_3^2 + K_4^2) - \frac{1}{8}T^2 = 18508.5 - 18145.13 = 363.37$

$SS_B = \frac{R_j^2}{8} = \frac{27^2}{8} = 78.13$；同理 $SS_C = 3.13$；$SS_D = 1.13$；$SS_E = 6.13$

（2）计算自由度

总自由度：$df_T = n - 1 = 8 - 1 = 7$

各因素自由度：$df_A = a - 1 = 4 - 1 = 3$

$$\mathrm{d}f_B = \mathrm{d}f_C = \mathrm{d}f_D = \mathrm{d}f_E = 2 - 1 = 1$$

表 10.21　方差分析表

项目	SS	$\mathrm{d}f$	MS	F	F 临界值	显著性
黄豆饼粉	363.37	3	121.12	56.86	$F_{0.05,(1,2)}$ $=18.51$	*
蛋白胨	78.13	1	78.13	36.68		*
葡萄糖	6.13	1	6.13	2.88	$F_{0.05,(3,2)}$ $=19.16$	
e	4.26	2	2.13			

注：* 表示有影响。

由方差分析表（表 10.21）可以看出，黄豆饼粉与蛋白胨都显著影响提取物的产量，葡萄糖对提取物产量的影响不显著。

三、有重复试验正交设计的方差分析

在进行正交试验设计时，如果没有空白列，这时候就没有误差的残差平方和了，原则上是不能进行方差分析的。对于要求不高的数据处理可以利用离差平方和最小的列作为误差列来进行方差分析。但这仅仅是一种权宜之计，比较合理的做法是继续进行重复试验。或者有时候试验方案中有空白列，但是实际情况仍要进行重复试验，这时候的方差分析就变为有重复试验正交设计的方差分析了。下面主要讲述有重复试验正交表的方差分析方法。

假设正交表具有 r 个水平，做了 n 次试验，进行了 m 次重复，则：

$$SS_T = \sum_{i=1}^{n} \sum_{k=1}^{m} y_{ik}^2 - \frac{T_{\cdot\cdot}^2}{mn} \qquad f_T = nm - 1 \tag{10.11}$$

$$SS_j = \frac{r}{mn} \sum_{j=1}^{r} K_j^2 - \frac{T_{\cdot\cdot}^2}{nm} \qquad j = 1, \cdots, r; f_j = r - 1 \tag{10.12}$$

空白列的离差平方和包含试验误差与各种干扰误差，所有称为整体误差，这里将它们称为第一类误差的离差平方和，表示为 SS_{e1}，其自由度表示为 $\mathrm{d}f_{e1}$。由于试验重复所形成的误差主要反映了试验操作的误差大小，称为局部误差，在此称为第二类误差的离差平方和，表示为 SS_{e2}，其自由度表示为 $\mathrm{d}f_{e2}$。

$$SS_{e2} = \sum_{i=1}^{n} \sum_{k=1}^{m} (y_{ik} - \overline{y}_{i\cdot})^2 = \sum_{i=1}^{n} \sum_{k=1}^{m} y_{ik}^2 - \frac{1}{m} \sum_{k=1}^{m} y_{i\cdot}^2 \tag{10.13}$$
$$\mathrm{d}f_{e2} = n(m-1)$$

对于重复试验，两类误差可以合并为试验的总误差，自由度可合并为试验误差的总自由度。但是对于重复取样得到试验结果，当两类误差进行 F 检验发现方差不齐时，不能合并，此时只能用第一类误差作为误差项，否则可能会得出错误的结论。此外，在没有空白列时，用 SS_{e2} 作为试验误差残差平方和，此时如果试验有一半以上的因素（含交互列）不显著，用 SS_{e2} 计算试验误差项是合理的；反之，则不合理，需要使用更大的正交表来进行方差分析。

【例 10.7】　利用正交试验研究某中药浸膏制备工艺，所研究的试验因素与水平见表 10.22。试验结果以氨基酸含量 y 为指标，其值越大越好。每次试验进行 3 次重复，试对该试验结果进行方差分析。

表 10.22 某中药浸膏制备工艺的因素与水平

水平	酸浓度/(mol/L)(A)	温浸时间/h(B)	温浸温度/℃(C)	醇浓度/%(D)
1	10^{-2}	1.5	40	30
2	0.6	2	50	50
3	1.2	2.5	60	70

由表 10.23 可得：$SS_T = \sum_{i=1}^{n}\sum_{k=1}^{m} y_{ik}^2 - \frac{T_{..}^2}{mn} = 1009.25 - 1006.75 = 2.5 \quad f_T = 26$

$$SS_A = \frac{3}{27}\sum_{i=1}^{r} K_i^2 - \frac{T_{..}^2}{nm} = \frac{3}{27} \times (53.47^2 + 55.09^2 + 56.31^2) - 1006.75$$

$$= 0.45; df_A = r - 1 = 2$$

同理：$SS_B = 0.21$，$df_B = 2$；$SS_C = 0.38$，$df_C = 2$；$SS_D = 0.59$，$df_D = 2$

试验没有 SS_{e1}，故以 SS_{e2} 来计算试验误差：

$$SS_{e2} = \sum_{i=1}^{n}\sum_{k=1}^{m} y_{ik}^2 - \frac{1}{m}\sum_{k=1}^{m} y_{i.}^2 = 1009.25 - 1008.39 = 0.86, \quad df_{e2} = n(m-1) = 18$$

表 10.23 某中药浸膏制备工艺的正交试验数据表

试验号	A	B	C	D	试验结果		
1	1	1	1	1	5.24	5.73	5.49
2	1	2	2	2	6.48	6.12	5.84
3	1	3	3	3	5.99	6.13	6.45
4	2	1	2	3	6.08	6.53	6.35
5	2	2	3	1	5.81	5.94	6.13
6	2	3	1	2	5.93	6.08	6.24
7	3	1	3	2	6.17	6.29	5.96
8	3	2	1	3	6.1	6.53	6.35
9	3	3	2	1	6.11	6.49	6.31
Ⅰ	53.47	53.84	53.69	53.25			
Ⅱ	55.09	55.3	56.31	55.11			
Ⅲ	56.31	55.73	54.87	56.51			

表 10.24 方差分析表

项目	SS	df	MS	F	F临界值	显著性
A	0.45	2	0.23	4.79	$F_{0.05,(2,18)}$ = 3.55 $F_{0.01,(2,18)}$ = 6.01	*
B	0.21	2	0.11	2.29		
C	0.38	2	0.19	3.96		*
D	0.59	2	0.30	6.25		**
e	0.86	18	0.048			

注：* 表示有影响；** 表示影响显著。

由方差分析表（表10.24）可以看出，醇浓度对试验结果影响极显著，是主要影响因素；酸浓度与温浸温度对试验结果影响显著，属于重要因素；温浸时间对试验结果影响不显著。最佳工艺条件是 $D_3A_3C_2B_3$，B 因素可以根据实际情况进行相应调整。

第五节　均匀设计

虽然正交试验设计是一种优秀的试验设计方法，但是随着水平数增多，正交试验次数以乘方级速度递增。例如有 m 个因素，每个因素为 n 个水平，全面试验次数为 mn 次，正交试验次数至少为 n^2 个，而均匀设计仅考虑"均匀分散"不考虑"整齐可比"，仅需要 n 个试验点。可见，在涉及较多研究水平时，均匀设计大大减少了试验次数，降低了生产成本。

一、均匀设计表

均匀设计表是用数论方法编制均匀设计的基本工具。每个设计都有一个代号 $U_n(q^m)$ 或 $U_n^*(q^m)$，它实际上是一个 n 行 m 列的矩阵。n 表示试验次数，q 表示水平数，m 表示该表的列数或因素数。U 右上角加"$*$"的均匀设计表在多数情况下具有更好的均匀性，可优先选用。此类设计表的均匀性常用"偏差 D"来表示，D 值越小，说明均匀性越好。表 10.25～表 10.28 为几个常用的均匀设计表及其偏差 D 值。

表 10.25　$U_7(7^4)$

试验号	列号				试验号	列号			
	1	2	3	4		1	2	3	4
1	1	2	3	6	5	5	3	1	2
2	2	4	6	5	6	6	5	4	1
3	3	6	2	4	7	7	7	7	7
4	4	1	5	3					

表 10.26　$U_7(7^4)$ 的使用表

因素数	列号				D
2	1	3			0.2398
3	1	2	3		0.3721
4	1	2	3	4	0.4760

表 10.27　$U_7^*(7^4)$

试验号	列号				试验号	列号			
	1	2	3	4		1	2	3	4
1	1	3	5	7	3	3	1	7	5
2	2	6	2	6	4	4	4	4	4

续表

试验号	列号				试验号	列号			
	1	2	3	4		1	2	3	4
5	5	7	1	3	7	7	5	3	1
6	6	2	6	2					

表 10.28 $U_7^*(7^4)$ 的使用表

因素数	列号			D
2	1	3		0.1582
3	2	3	4	0.2132

根据对上表的分析，可见均匀设计表具有如下几个特点：

①每个因素的每个水平仅做一次试验。②任意两个因素的试验点要点在平面的格子点上，每行每列有且仅有一个试验点。如第 1 列与第 3 列的试验点分布见图 10.4，这反映了试验安排的"均衡性"。③均匀设计表任意两列组成的试验方案一般并不等价，这一点与正交表是不同的。例如，利用 $U_6^*(6^4)$ 的 1、3 列和 1、4 列的水平组合画格子点图（图 10.4、图 10.5）。在图 10.4 中，可以看出 1、3 列试验点散布得比较均匀，而在图 10.5 中 1、4 列试验点散布则不均匀。所以当因素数为 2 时，应将它们分别排在 1、3 列，而不是 1、4 列，这样均匀性会更好。

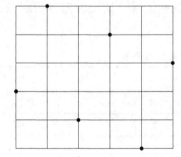

图 10.4 $U_6^*(6^4)$ 1，3 列试验点分布

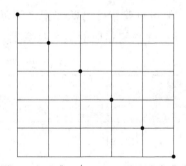

图 10.5 $U_6^*(6^4)$ 1，4 列试验点分布

二、均匀设计基本步骤

均匀设计的试验步骤与正交试验设计基本相同，主要有以下几个重要步骤：

① 根据试验目的，选择要考察的指标、因素和水平。

② 根据因素和水平确定试验次数，由此来选用合适的均匀设计表。很多情况下，为了能求得二次项和交互作用项，就需要根据回归方程的系数总数来选 U 表。回归方程的系数总数为 $2m+C_m^2$ 个，其中一次项与二次项均为 m 个，而交互作用项则为 C_m^2 个。例如，3 因素的试验如果因素与响应值均为线性关系，不考虑二次项和交互作用项，可选用 $U_5(5^4)$ 表安排试验。但是，如果要考虑二次项系数，则系数总数为 9 个（不计常数项），就必须选择 $U_9(9^6)$ 表或试验次数更多的 U 表。有时候还需要用专业知识来判断一些系数选择的必要性，删去影响不显著的因素或者影响小的二次项或交互作用项，从而减少回归方程的项

数，减少试验工作量。

③ 进行试验，获得必需的试验数据。

④ 进行均匀试验设计数据处理与分析。

三、均匀设计数据分析

均匀设计不具有整齐可比性，所以其试验结果不能使用方差分析法，通常使用直观分析法和回归分析法。

直观分析法：假如试验目的要求不高，只是寻求一个较优的工艺条件，同时又缺乏计算工具，这时可以采用直观分析法。从已知的试验点中挑选一个效果最好的试验点，该试验点相应的因素和水平即为较优的工艺条件。这是因为均匀设计的试验点是均分的，与在整个试验范围内寻优，效果差距不大。经过大量实践证明，这种方法还是十分有效的。

回归分析法：均匀设计的数据分析最好还是采用回归分析法。因为回归分析可以通过多元回归分析或逐步回归分析的方法来获得试验指标与试验因素之间关系的回归方程，并能通过标准回归系数的绝对值大小，来判断试验因素对响应值影响的主次顺序。此外，还可以通过分析回归方程的极值点来获得优化的工艺条件。均匀设计回归分析的基本原理将在后面多元回归分析中讲到，此处不单独讲述。在此主要讲述利用 Excel 对均匀设计试验数据的分析方法。

【例 10.8】 在啤酒生产某项工艺试验中，利用均匀表 $U_8^*(8^5)$ 来研究底水量 x_1/g 和吸氨时间 x_2/min 两个因素对吸氨量的影响，其值越大越好。其试验方案与结果见表 10.29。假设试验指标与两因素之间可能为二元线性关系，请用回归分析法分析其较优的工艺条件，并预测相应的最大吸氨量。

表 10.29 例 10.8 试验方案与结果表

试验号	x_1/g	x_2/min	y
1	136.5	200	5.7
2	137	240	6.4
3	137.5	190	4.8
4	138	230	5.3
5	138.5	180	3.9
6	139	220	4.5
7	139.5	170	2.9
8	140	210	3.7

在 Excel 中，点击数据，然后找到数据分析，选择回归，进入回归分析对话框，分别输入 x 值与 y 值数值区域，在"标志"前打钩，选择合适的输出区域，点击确定，得到如下数据分析结果（表 10.30）。

表 10.30 Excel 回归分析结果汇总表

回归统计	
复相关系数	0.998

续表

回归统计	
复相关指数	0.996
调整相关指数	0.995
标准误差	0.082
观测值	8

方差分析

	df	SS	MS	F	显著值
回归分析	2	9.126	4.563	671.029	8.39E-07
残差	5	0.034	0.0068		
总计	7	9.16			

	回归系数	标准误差	t 统计量	P 值	Lower 95%	Upper 95%	下限 95.0%	上限 95.0%
截距	91.476	3.758	24.340	2.18×10^6	81.815	101.136	81.815	101.136
x_1	−0.664	0.027	−25.021	1.9×10^6	−0.733	−0.596	−0.733	−0.596
x_2	0.0246	0.001	18.494	8.5×10^6	0.021	0.028	0.021	0.028

从表中可以看出，在生产啤酒过程中，吸氨量 y 与底水量 x_1、吸氨时间 x_2 的复相关系数为 0.998，复相关指数为 0.996，调整相关指数为 0.995，回归方程标准误差为 0.082。

方差分析回归方程的 P 值≪0.01，说明回归方程极显著，存在线性回归关系。回归系数 $b_1 = -0.664$，$b_2 = 0.0246$，所有 P 值≪0.01，差异极显著。所以说回归方程为：

$$Y = 91.476 - 0.664x_1 + 0.0246x_2$$

一般来说 t 值越大，P 值越小，相应的因素也越重要。如果某些指标 P 值大于 0.05，则偏回归系数不显著，可将对应的项并入残差中，重新进行回归分析。影响不显著的因素在选择水平时，可以本着经济高效的原则来选择。此外，偏回归系数前面的正负号可以用来预测因素的变化趋势，如果是正号，可将该因素的取值增大一些，反之则要减小一些。如果线性回归方程相关系数很低，需要考虑再进行二次多项式回归分析。

 习　题

1. 液体葡萄糖生产工艺的优选试验，考查液体葡萄糖的 4 个指标：（1）产量，越高越好；（2）总还原糖，在 32%～40% 之间；（3）明度，比浊数越小越好，不得大于 300mg/L；（4）色泽，比色数越小越好，不得大于 20mL。因素和水平见表 10.31。

表 10.31　液体葡萄糖生产工艺因素和水平

水平	粉浆浓度 $A/°$Bé	粉浆酸度 B(pH)	稳压时间 $C/\min$	加水量 D /(kg/cm^2)
1	16	1.5	0	2.2

水平	粉浆浓度 A/°Bé	粉浆酸度 B(pH)	稳压时间 C/min	加水量 D /(kg/cm²)
2	18	2	5	2.7
3	20	2.5	10	3.2

用 $L_9(3^4)$ 安排试验，试验结果及极差法数据处理一并列于表 10.32 中。

表 10.32 液体葡萄糖生产工艺试验数据表

试验号	列号				产量 /kg	还原糖/%	明度/%	色泽/%
	1(A)	2(B)	3(C)	4(D)				
1	1	1	1	1	498	41.6	≈500	10
2	1	2	2	2	568	39.4	≈400	10
3	1	3	3	3	567	31.0	≈400	25
4	2	1	2	3	577	42.4	<200	<30
5	2	2	3	1	512	37.2	<125	≈20
6	2	3	1	2	540	30.2	≈200	≈20
7	3	1	3	2	501	42.4	<125	≈20
8	3	2	1	3	550	40.6	<100	<20
9	3	3	2	1	510	30.0	<300	<20

试用综合平衡法分析最优工艺条件。

2. 某厂采用化学吸收法，用填料塔吸收废气中的 SO_2，为了使废气中的 SO_2 浓度达到排放标准，通过正交试验对吸收工艺条件进行了摸索，试验的因素与水平如表 10.33 所示。需要考虑交互作用 $A \times B$、$B \times C$。如果将 A、B、C 放在正交表 1、2、4 列，试验结果 SO_2 摩尔分数（单位:%）依次为：0.15、0.25、0.03、0.02、0.09、0.16、0.19、0.08。试进行方差分析（$\alpha = 0.05$）。

表 10.33 试验的因素与水平

水平	(A)碱浓度/%	(B)操作温度/℃	(C)填料种类
1	5	40	甲
2	10	20	乙

3. 某生物化工工艺试验设计与试验结果见表 10.34，请对其进行正交试验方差分析。

表 10.34 某生物化工工艺试验设计与试验结果

试验号	A	B	A×B	C	空	A×D	D	y_1	y_2	y_3	小计
1	1	1	1	1	1	1	1	12	4	12	28
2	1	1	1	2	2	2	2	1.8	5	20	26.8
3	1	2	2	1	1	2	2	25	35	35	95
4	1	2	2	2	2	1	1	27	15	17	59

续表

试验号	A	B	$A \times B$	C	空	$A \times D$	D	y_1	y_2	y_3	小计
5	2	1	2	1	2	1	2	23	20	12	55
6	2	1	2	2	1	2	1	30	25	30	85
7	2	2	1	1	2	2	1	33	27	32	92
8	2	2	1	2	1	1	2	10	20	19	49
K_1	208.8	194.8	195.8	270	257	191	264	161.8	151	177	489.8
K_2	281	295	294	219.8	232.8	298.8	225.8				

4. 在淀粉接枝丙烯酸制备高吸水性树脂的试验中，为了提高树脂吸盐水的能力，考察了丙烯酸用量（x_1）、引发剂用量（x_2）、丙烯酸中和度（x_3）和甲醛用量（x_4）四个因素，每个因素取 9 个水平，试验数据如表 10.35 所示。试进行直观分析和回归分析。

表 10.35　树脂吸水试验方案和结果

试验号	列号				吸盐水倍率 y
	$1(x_1/\text{mL})$	$2(x_2/\%)$	$3(x_3/\%)$	$4(x_4/\text{mL})$	
1	1(12.0)	2(0.4)	4(64.5)	8(1.25)	34
2	2(14.5)	4(0.6)	8(86.5)	7(1.10)	42
3	3(17.0)	6(0.8)	3(59.0)	6(0.95)	40
4	4(19.5)	8(1.0)	7(81.0)	5(0.80)	45
5	5(22.0)	1(0.3)	2(53.5)	4(0.65)	55
6	6(24.5)	3(0.5)	6(75.5)	3(0.50)	59
7	7(27.0)	5(0.7)	1(48.0)	2(0.35)	60
8	8(29.5)	7(0.9)	5(70.0)	1(0.20)	61
9	9(32.0)	9(1.1)	9(92.0)	9(1.40)	63

5. 在玻璃防雾剂配方研究中，考察了三种主要成分用量对玻璃防雾性能的影响，三个因素的水平取值见表 10.36。选用均匀表 $U_7^*(7^4)$ 安排试验，7 个试验结果 y（防雾性能综合评分）依次为：3.8、2.5、3.9、4.0、5.1、3.1、5.6。试用回归分析法确定因素的主次，找出较好的配方，并预测该条件下相应的防雾性能综合评分。已知试验指标 y 与 x_1、x_2、x_3 间近似满足关系式：$y = a + b_1 x_1 + b_3 x_3 + b_{23} x_2 x_3$。

表 10.36　三个因素的水平取值

因素	1	2	3	4	5	6	7
PVA 含量（x_1）/g	0.5	1.0	1.5	2.0	2.5	3.0	3.5
ZC 含量（x_2）/g	3.5	4.5	5.5	6.5	7.5	8.5	9.5
LAS 含量（x_3）/g	0.1	0.4	0.7	1.0	1.3	1.6	1.9

第十一章
回归与相关

　　自然界中的许多事物和现象，彼此之间往往是普遍联系、相互依存、相互制约的，所以在科学研究中，除了要探讨试验处理结果间是否有显著性差异，常常还需要进一步研究因素的水平与试验指标间的关系，或者多个试验指标间的关系，来揭示事物发展的内在规律。这就需要利用回归与相关分析方法。

　　科学研究中变量之间的关系有两类，一类是变量间存在着严格确定的依存关系，这种关系可以用数学表达式来表示，如圆的面积（S）与半径（r）的关系；这类变量之间的关系称为函数关系。另一类是变量之间不存在完全确定的关系，不能利用精确的数学公式来表示，如人头发中某金属元素的含量与血液中该元素含量的关系。这类变量之间存在着十分密切的关系，但却不能用一个或几个变量的值来求得另一个变量的值。统计学中把这类变量间的关系称为相关关系，这类变量称为相关变量。

　　相关变量间的关系可以分为两种，第一种称为因果关系，即一个变量的改变受另一个或几个变量的影响，如子女的身高受父母身高的影响；第二种称为平行关系，即两个变量之间不存在因果关系，共同受到外部因素的影响，如人类的身高与体重的关系。变量间的关系及分析方法归纳如下：

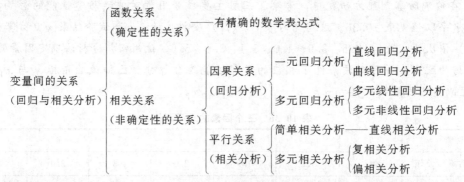

　　统计学上常采用回归分析（regression analysis）来研究具有因果关系变量之间的关系。把表示原因的变量称为自变量，用 x 表示。而把表示结果的变量称为因变量，用 y 表示。只研究"一因一果"，称为一元回归分析；研究"多因一果"，称为多元回归分析。通过回归分析可以揭示出相关变量间的联系形式，得出它们间的回归方程，并利用此回归方程，由自变量来预测、控制因变量。

统计学上利用相关分析（correlation analysis）来研究具有平行关系变量之间的关系。对两个变量间的线性相关进行分析称为简单相关分析或直线相关分析。对多个变量间的关系进行分析时，可以分为两种情况，研究一个变量与多个变量间的线性相关称为复相关分析；而研究在其余变量保持不变情况下两个变量间的线性相关称为偏相关分析。在相关分析研究中，变量没有自变量和因变量之分。不能用一个变量去预测、控制另一个变量的变化，这也是回归分析与相关分析区别的关键所在。但很多时候二者也无法完全分开，由回归分析可以得到相关性的一些重要信息，而由相关分析也能够获得回归关系的部分重要信息。下面先介绍直线回归与相关分析。

第一节 一元线性回归

一、直线回归方程的建立

（一）散点图

散点图主要用来描述两个变量之间是否具有线性相关或者相关的方向与密切程度。一般做法是：收集从同类材料或者同一个体上两个不同性状具有内在联系的成对数据（x_i，y_i）。随后用自变量 x 作为横轴，因变量 y 作为纵轴，绘制散点图。通过散点图中点的密集程度和趋势，可以预测两个变量之间的关系。散点图也是说明两个变量之间是否存在直线关系最简单直观的方式。

【例 11.1】 利用改进的茚三酮法测定氨基酸标准曲线，测定不同氨基酸浓度下可见分光光度计波长 570nm 处吸光值 A（见表 11.1）。以氨基酸含量（mg）为横坐标，吸光值 A 为纵坐标，绘制散点图（图 11.1）。

表 11.1 不同氨基酸含量的吸光值

编号	a	b	c	d	e	f
含量/mg	0	0.010	0.015	0.020	0.025	0.030
吸光值 A	0	0.310	0.455	0.591	0.733	0.878

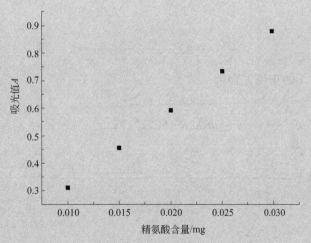

图 11.1 氨基酸含量与吸光值关系散点图

由图可见氨基酸含量与吸光值有直线关系，可以进行线性回归分析。

（二）一元线性回归模型与参数估计

具有回归关系的一对因素 x 与 y，当进行无限次试验后，可以得到各个 x_i 下 y 的条件平均数 $\mu_{y \cdot x}$，这些平均数可构成一条直线。

$$\mu_{y \cdot x} = \alpha + \beta x \tag{11.1}$$

其含义为：在 x 的每个水平上，都会有一个 y 分布与之对应，则这个 y 分布的平均数 μ 就是 x 的线性函数，其中 α 为直线的截距，β 为斜率。

y 实际观测值总会受到随机误差的影响，因此对于每一个 y 的观测值，可以用下列模型来描述：

$$y_i = \alpha + \beta x_i + \varepsilon_i \quad (i = 1, 2, \cdots, n) \tag{11.2}$$

式中，ε_i 为给定的 y 的观测值 y_i 与 $\mu_{y \cdot x_i}$ 的离差，该离差是一随机误差。它独立存在且服从同一正态分布 $\mathbf{N}(0, \sigma^2)$。

正常情况下，由于试验次数有限，上述模型中的参数 α 与 β 是不可能计算出真值的，同理，$\mu_{y \cdot x}$ 也一样。所以只能求得它们的估计值 a 与 b，由估计值构成的直线公式为：

$$\hat{y} = a + bx \tag{11.3}$$

式中，a、b 分别为 α 与 β 的估计值；$\hat{y}$ 为 $\mu_{y \cdot x_i}$ 的估计值。

式（11.3）称为 y 对 x 的回归方程，由此方程画出的直线称作回归线，b 作为直线斜率，称为回归系数。当 $b > 0$，y 随 x 的增加而增加；当 $b < 0$，y 随 x 的减少而减少；当 $b = 0$，表示两变量之间不存在直线回归关系。

在各种离差平方和中，距离平均值的离差平方和最小。因此，就把 y_i 距离 $\mu_{y \cdot x_i}$ 的估计值 $\hat{y}$ 离差 $e_i = y_i - \hat{y}_i$ 的平方和最小的直线作为回归线。当 $Q = \sum (y - \hat{y})^2$ 达到最小时的直线就是最佳回归线。下面利用最小二乘法来分析回归估计值与观测值残差平方和最小时 a、b 的计算公式，即：

当 $Q = \sum (y - \hat{y})^2 = \sum (y - a - bx)^2 =$ 最小时。

根据微积分中的极值原理，令 Q 对 a、b 的一阶偏导数等于 0，即：

$$\frac{\partial Q}{\partial a} = -2 \sum (y - a - bx) = 0 \tag{11.4}$$

$$\frac{\partial Q}{\partial b} = -2 \sum (y - a - bx)x = 0 \tag{11.5}$$

整理得关于 a、b 的正规方程组：

$$\begin{cases} an + b\sum x = \sum y \\ a\sum x + b\sum x^2 = \sum xy \end{cases} \tag{11.6}$$

解正规方程组，得：

$$b = \frac{\sum xy - (\sum x)(\sum y)/n}{\sum x^2 - (\sum x)^2/n} = \frac{\sum (x - \overline{x})(y - \overline{y})}{\sum (x - \overline{x})^2} = \frac{SS_{xy}}{SS_{xx}} \tag{11.7}$$

$$a = \overline{y} - b\overline{x} \tag{11.8}$$

其中：$\overline{x} = \sum x_i / n$；$\overline{y} = \sum y_i / n$

$$SS_{xx} = \sum_{i=1}^{n} (x_i - \overline{x})^2 = \sum x_i^2 - (\sum x_i)^2 / n \tag{11.9}$$

$$SS_{xy} = \sum_{i=1}^{n} (x_i - \overline{x})(y_i - \overline{y}) = \sum x_i y_i - \frac{(\sum x_i)(\sum y_i)}{n} \tag{11.10}$$

$$SS_{yy} = \sum_{i=1}^{n} (y_i - \overline{y})^2 = \sum y_i^2 - (\sum y_i)^2 / n \tag{11.11}$$

计算例 11.1 的 a、b 值，建立直线回归方程。

先根据实际观测值计算出下列数据：

$$\overline{x} = \sum x_i / n = 0.1/6 = 0.0167$$

$$\overline{y} = \sum y_i / n = 2.967/6 = 0.4945$$

$$SS_{xx} = \sum x_i^2 - (\sum x_i)^2 / n = 0.00225 - 0.1^2 / 6 = 5.8333 \times 10^{-4}$$

$$SS_{xy} = \sum x_i y_i - \frac{(\sum x_i)(\sum y_i)}{n} = 0.06641 - \frac{2.967 \times 0.1}{6} = 0.01696$$

$$SS_{yy} = \sum y_i^2 - (\sum y_i)^2 / n = 1.961 - 2.967^2 / 6 = 0.4938$$

进而计算出 b、a：

$$b = \frac{SS_{xy}}{SS_{xx}} = \frac{0.01696}{5.8333 \times 10^{-4}} = 29.074$$

$$a = \overline{y} - b\overline{x} = 0.4945 - 29.074 \times 0.0167 = 8.964 \times 10^{-3}$$

由此可得吸光值 y 对精氨酸含量 x 的直线回归方程为：

$$\hat{y} = 8.964 \times 10^{-3} + 29.074x$$

利用此直线回归方程进行预测或控制时，一般只适用于原来研究的范围，不能随意扩大范围。

二、一元线性回归的显著性检验

（一）一元线性回归的方差分析

由前述推导可知总离差平方和：

$$SS_{yy} = \sum_{i=1}^{n} (y_i - \overline{y})^2 = \sum_{i=1}^{n} (y_i - \hat{y}_i + \hat{y}_i - \overline{y})^2$$

$$= \sum_{i=1}^{n} (y_i - \hat{y}_i)^2 + \sum_{i=1}^{n} (\hat{y}_i - \overline{y})^2 + 2 \sum_{i=1}^{n} (y_i - \hat{y}_i)(\hat{y}_i - \overline{y})$$

其中
$$\sum_{i=1}^{n} (y_i - \hat{y}_i)(\hat{y}_i - \overline{y}) = 0$$

所以
$$SS_{yy} = \sum_{i=1}^{n} (y_i - \hat{y}_i)^2 + \sum_{i=1}^{n} (\hat{y}_i - \overline{y})^2 \tag{11.12}$$

可见总离差平方和由两部分构成：一个是回归平方和，即 $SS_R = \sum_{i=1}^{n} (\hat{y}_i - \overline{y})^2$ 它表示回归值 $\hat{y}_i$ 与均值 $\overline{y}$ 的离差平方和，是用来估计 x 的变化而导致 y 相应变化；另一个是残差平方和或者叫随机误差，即 $SS_e = \sum_{i=1}^{n} (y_i - \hat{y}_i)^2$，它代表的是试验值 y_i 与回归值 $\hat{y}_i$ 之间的残差平方和。

$$SS_R = \sum_{i=1}^{n}(\hat{y}_i - \overline{y})^2 = \sum_{i=1}^{n}(a + bx_i - a - b\overline{x})^2 = b^2 \sum_{i=1}^{n}(x_i - \overline{x})^2 = b^2 SS_{xx} = bSS_{xy}$$

$$\tag{11.13}$$

$$SS_e = SS_{yy} - bSS_{xy} \tag{11.14}$$

总离差平方和 SS_{yy} 的自由度：$df_y = n - 1$

回归平方和 SS_R 的自由度：$df_R = 1$

在直线回归分析中，回归自由度等于自变量的个数，故 $df_R = 1$。

残差平方和 SS_e 的自由度：$df_e = n - 2$

一元线性回归方差分析表见表 11.2。

表 11.2　一元线性回归方差分析表

差异来源	SS	df	MS	F	显著性
回归	SS_R	1	$MS_R = SS_R$	MS_R / MS_e	
误差	SS_e	$n-2$	$MS_e = SS_e / (n-2)$		
总和	SS_{yy}	$n-1$			

例 11.1 的方差检验见表 11.3。

表 11.3　例 11.1 一元线性回归方差分析表

差异来源	SS	df	MS	F	显著性
回归	0.4931	1	0.4931	2817.714	**
误差	0.0007	4	1.75×10^{-4}		
总和	0.4938	5			

注：＊＊表示影响显著。

（二）b 和 a 的显著性检验

从 a 和 b 的数学期望可以得出，a、b 分别是 α、β 的无偏估计。且又有 a、b 的方差分别为：$S_b = \dfrac{\sigma^2}{SS_{xx}}$；$S_a = \sigma^2\left(\dfrac{1}{n} + \dfrac{\overline{x}^2}{SS_{xx}}\right)$，此处证明略。而 $\sigma^2 = MS_e = \dfrac{SS_{yy} - bSS_{xy}}{n-2}$，

所以

$$S_b = \sqrt{\frac{MS_e}{SS_{xx}}} = \sqrt{\frac{SS_{yy} - bSS_{xy}}{(n-2)SS_{xx}}}; \tag{11.15}$$

$$S_a = \sqrt{MS_e\left(\frac{1}{n} + \frac{\overline{x}^2}{SS_{xx}}\right)} = \sqrt{\frac{SS_{yy} - bSS_{xy}}{n-2} \times \left(\frac{1}{n} + \frac{\overline{x}^2}{SS_{xx}}\right)} \tag{11.16}$$

回归系数的显著性检验常用 t 检验。b 的显著性检验步骤如下：

假设 $H_0: \beta = 0$；$H_A: \beta \neq 0$。$t = \dfrac{b}{S_b}$，遵循 $n-2$ 自由度的 t 分布，当 $|t| > t_{n-2,\alpha}$，拒绝 H_0，接受 H_A。

a 的显著性检验步骤跟 b 的检验步骤相类似。假设 $H_0: \alpha = 0$；$H_A: \alpha \neq 0$。$t = \dfrac{a}{S_a}$，遵

循 $n-2$ 自由度的 t 分布，当 $|t|>t_{n-2,\alpha}$，拒绝 H_0，接受 H_A。

用 t 检验检验例 11.1 回归方程系数 a、b 的显著性。

b 的显著性检验：

假设 H_0：$\beta=0$；H_A：$\beta\neq0$。

$$t=\frac{b}{S_b}=\frac{29.074}{0.550}=52.862,$$

$t_{4,0.05}=2.776$，$|t|>t_{4,0.05}$，接受 H_A。认为氨基酸浓度与吸光值有显著的直线回归关系。

a 的显著性检验：

假设 H_0：$\alpha=0$；H_A：$\alpha\neq0$。

$$t=\frac{a}{S_a}=\frac{8.964\times10^{-3}}{1.066\times10^{-2}}=0.841,$$

$t_{4,0.05}=2.776$，$|t|<t_{4,0.05}$，接受 H_0。认为回归线与 y 轴的截距为 0，即回归直线过原点。

（三）重复试验方差分析

上述方法检验的回归方程存在回归关系，并不能证明这个回归方程拟合得很好。因为除了试验误差外，还包含线性关系以外其他未加控制因素的影响。这时就需要通过重复试验，获得误差平方和和失拟平方和，查看回归线失拟的情况。下面以例 11.2 为例讲解重复试验回归直线的方差分析。

【例 11.2】 土壤中氯化钠含量对植物的生长影响很大，表 11.4 为每千克土壤中所含氯化钠的含量（g）对植物单位叶面积干物重（mg/dm²）的影响情况，氯化钠含量设置了 7 个浓度梯度（$n=7$），试验重复了 2 次（$m=2$）。如果两变量存在线性关系，请求出回归直线方程并进行 F 检验。

表 11.4　氯化钠含量对植物干物重的影响

氯化钠含量/g	x	0	0.8	1.6	2.4	3.2	4	4.8
干物重/(mg/dm²)	y_1	80	90	95	115	130	115	135
	y_2	100	85	89	94	106	125	137

$$SS_{yy}=\sum y_{ij}^2-(\sum y_{ij})^2/mn=164712-1496^2/14=4853.71$$

$$SS_{xx}=\sum x_i^2-(\sum x_i)^2/n=58.24-16.8^2/7=17.92$$

$$SS_{xy}=\frac{1}{m}\sum x_iy_{ij}-\frac{(\sum x_i)(\sum y_{ij})}{mn}=1978.4-\frac{16.8\times1496}{14}=183.2$$

$$b=\frac{SS_{xy}}{SS_{xx}}=\frac{183.2}{17.92}=10.22$$

$$a=\bar{y}-b\bar{x}=106.86-10.22\times2.4=82.33$$

其中 $SS_{yy}=SS_R+SS_{lof}+SS_{pe}$，$SS_{lof}$ 为失拟平方和，SS_{pe} 为纯误差平方和。

$$SS_R=mbSS_{xy}=3744.61,\quad \mathrm{d}f_R=1$$

$$SS_{pe} = \sum_{i=1}^{n}\sum_{j=1}^{m} y_{ij}^2 - \frac{1}{m}\sum_{i=1}^{n}\left(\sum_{j=1}^{m} y_{ij}\right)^2 = 164712 - 163921 = 791, \quad df_{pe} = mn - n = 7$$

$$SS_{lof} = SS_{yy} - SS_R - SS_{pe} = 318.1, \quad df_{lof} = n - 2 = 5$$

由表 11.5 可知，干物重与氯化钠含量两个因素之间存在极显著的回归关系。

表 11.5　方差分析表

差异来源	SS	df	MS	F	显著性
回归	3744.61	1	3744.61	40.51(e2)	＊＊
失拟	318.10	5	63.62	0.56	
误差1	791.00	7	113.00		
误差2	1109.10	12	92.43		
总和	4853.71	13			

注：＊＊表示影响显著。

用纯误差均方对失拟项作检验，若差异不显著，说明失拟平方和基本上是由试验误差造成的。这时可将失拟平方和合并到纯误差平方和中，以此作为纯误差，再进行 F 检验。反之，如果失拟项差异显著，则说明模型选择不当或者还有其他影响因素存在。

（四）两个回归方程的比较

有时在相似的条件下进行相同性质的回归分析，会得到不同的回归方程，这时就需要检验这些回归方程之间是否存在显著差异，如果没有差异则可以进行回归方程的合并，下面以两个蛋白质标准曲线方程为例来说明不同回归方程的比较。

【例 11.3】　两个回归方程分别为：（1）$y = 347.923x - 0.542$，（2）$y = 332.322x - 0.452$；y 单位是 μg，x 代表吸光值。试对两个回归方程进行比较与合并。两个回归方程各项参数见表 11.6。

表 11.6　两个回归方程各项参数

项目	回归方程(1)	回归方程(2)
n	6	6
$\bar{x}$	0.361	0.378
$\bar{y}$	125	125
SS_{xx}	0.361	0.396
SS_{yy}	43750	43750
SS_{xy}	125.675	131.475
MSe	6.194	14.491

先进行方差齐性检验：$F = \dfrac{14.491}{6.194} = 2.340$，$F_{0.05(4,4)} = 6.388$

两个方差没有显著差异，可以将随机误差的残差平方和合并后计算标准差：

$$S = \sqrt{\frac{SSe_1 + SSe_2}{\mathrm{d}f_{e1} + \mathrm{d}f_{e2}}} = 3.216$$

先对 b_1 与 b_2 的显著性差异进行 t 检验：

$$t = \frac{b_1 - b_2}{S\sqrt{\dfrac{1}{SS_{xx1}} + \dfrac{1}{SS_{xx2}}}} = \frac{15.601}{3.216 \times 2.301} = 2.108，查 t 值表：t_{0.05,8} = 2.306$$

说明 b_1 与 b_2 无显著性差异，可以合并为：

$$b = \frac{b_1 SS_{xx1} + b_2 SS_{xx2}}{SS_{xx1} + SS_{xx2}} = \frac{257.2}{0.757} = 339.762$$

随后检验 a_1 与 a_2 是否具有显著性差异：

$$t = \frac{a_1 - a_2}{S\sqrt{\dfrac{1}{n_1} + \dfrac{\overline{x_1}^2}{SS_{xx1} + SS_{xx2}} + \dfrac{1}{n_2} + \dfrac{\overline{x_2}^2}{SS_{xx1} + SS_{xx2}}}} = \frac{-0.090}{3.216 \times 0.833} = -0.034$$

$|t| \ll t_{0.05,8}$，a_1 与 a_2 无显著性差异，可以合并为：

$$a = \frac{n_1 \overline{y}_1 + n_2 \overline{y}_2}{n_1 + n_2} - b\frac{n_1 \overline{x}_1 + n_2 \overline{x}_2}{n_1 + n_2} = 125 - 125.542 = -0.542$$

合并后的新回归方程为：$y = 339.762x - 0.542$

三、直线回归的区间估计

前面已经分析了总体回归截距 a、回归系数 β 与各 x_i 上 y 的总体平均数 $\mu_{y \cdot x}$ 的估计值 a、b 和 $\hat{y}$，这些都是点估计。下面简单说明一下在一定置信度水平下，上述参数的区间估计。

（一）总体回归截距 α 的置信区间

统计学已证明 $\dfrac{a - \alpha}{S_a}$ 服从自由度为 $n - 2$ 的 t 分布。其中，S_a 的计算公式为：

$$S_a = \sqrt{MSe\left(\frac{1}{n} + \frac{\overline{x}^2}{SS_{xx}}\right)} \tag{11.17}$$

则 α 的 95% 置信区间为：

$$[a - t_{0.05(n-2)}S_a, a + t_{0.05(n-2)}S_a] \tag{11.18}$$

（二）总体回归系数 β 的置信区间

统计学已证明 $\dfrac{b - \beta}{S_b}$ 服从自由度为 $n - 2$ 的 t 分布。其中，S_b 的计算公式为：

$$S_b = \sqrt{\frac{MS_e}{SS_{xx}}} = \sqrt{\frac{SS_{yy} - bSS_{xy}}{(n-2)SS_{xx}}} \tag{11.19}$$

则 β 的 95% 置信区间为：

$$[b - t_{0.05(n-2)}S_b, b + t_{0.05(n-2)}S_b] \tag{11.20}$$

（三）单个y值的置信区间

有时回归方程需要估计当x取某一值时，总体y值的置信区间。它主要受$\hat{y}$和b抽样和坐标点离散度的影响，其标准误为：

$$S_y = \sqrt{MSe\left[1 + \frac{1}{n} + \frac{(x - \overline{x})^2}{SS_{xx}}\right]} \tag{11.21}$$

当x取某一值时，单个y值的95%置信区间为：

$$\left[\hat{y} - t_{0.05(n-2)}S_y, \hat{y} + t_{0.05(n-2)}S_y\right] \tag{11.22}$$

第二节　直线相关

通过回归系数的显著性检验与方差分析可以来衡量线性回归关系的好坏，另一个检验线性回归关系好坏或者分析两个变量间关系的指标就是相关系数与决定系数。

一、相关系数和决定系数

直线相关常用来分析双变量数据资料。现用x、y来表示一双变量总体资料，它的观测值在平面直角坐标系中可以用坐标点来表示。如将x与y平移，使原点位于点(μ_x, μ_y)，则各点坐标变为$(x - \mu_x, y - \mu_y)$。在Ⅰ、Ⅲ象限中$(x - \mu_x)$与$(y - \mu_y)$符号一致。如果大多数试验点分布在Ⅰ、Ⅲ象限，则$\sum(x - \mu_x)(y - \mu_y) > 0$，反之则$\sum(x - \mu_x)(y - \mu_y) < 0$，因此乘积和可用来表示直线相关两个变量的相关程度与性质。为了更好地比较不同双变量资料，可将离均差转换为各自的标准差，再除以样本数n。由此可得双变量总体相关系数ρ：

$$\rho = \frac{1}{n}\sum\left[\left(\frac{x - \mu_x}{\sigma_x}\right)\left(\frac{y - \mu_y}{\sigma_y}\right)\right] = \frac{\sum(x - \mu_x)(y - \mu_y)}{\sqrt{\sum(x - \mu_x)^2 \cdot \sum(y - \mu_y)^2}} \tag{11.23}$$

同理，样本相关系数为：

$$r = \frac{\sum(x - \overline{x})(y - \overline{y})}{\sqrt{\sum(x - \overline{x})^2 \cdot \sum(y - \overline{y})^2}} = \frac{SS_{xy}}{\sqrt{SS_{xx}SS_{yy}}} \tag{11.24}$$

相关系数的平方称为决定系数，其计算公式为：

$$r^2 = \frac{SS_{xy}^2}{SS_{xx}SS_{yy}} = \frac{bSS_{xy}}{SS_{yy}} = \frac{SS_R}{SS_{yy}} = 1 - \frac{SS_e}{SS_{yy}} \tag{11.25}$$

可见，决定系数r^2的本质就是变量x引起y变异的回归平方和占总的y变异平方和，其取值范围为$[0,1]$，但它只能表示变异程度而不显示变异性质。相关系数r的取值区间为$[-1,1]$，r为负值时，为负相关；r为正值时，为正相关；r为零时，称为零相关或者无相关；r为1时，称为完全相关或者绝对相关。图11.2为三种不同的总体相关散点图。

二、相关系数的显著性检验

为了判断相关系数所代表的总体是否存在线性相关，需要对相关系数进行假设检验。一般情况下，r的分布并不符合正态分布。只有当$\rho = 0$时，r的分布才近似于正态分布，这时

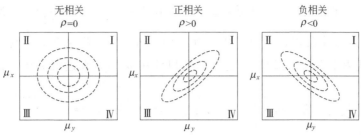

图 11.2　三种不同的总体相关散点图

可以用 t 检验来计算相关系数 r 来自 ρ 值为零总体的概率。相关系数与回归系数都是用来分析两变量间相关程度的。因此，可采用类似于回归系数检验的方法，前述 b 检验的公式为：

$$t=\frac{b}{S_b} \tag{11.26}$$

其中，

$$S_b=\sqrt{\frac{MS_e}{SS_{xx}}}=\sqrt{\frac{SS_{yy}-bSS_{xy}}{n-2}\times\frac{1}{SS_{xx}}}=\sqrt{SS_{yy}\left(1-b\frac{SS_{xy}}{SS_{yy}}\right)\times\frac{1}{(n-2)SS_{xx}}}$$

$$=\sqrt{SS_{yy}\left(1-\frac{SS_{xy}}{SS_{xx}}\times\frac{SS_{xy}}{SS_{yy}}\right)\times\frac{1}{(n-2)SS_{xx}}}=\sqrt{\frac{SS_{yy}}{SS_{xx}}\times\frac{1-r^2}{n-2}} \tag{11.27}$$

代入式（11.26）中，则

$$t=\frac{SS_{xy}}{SS_{xx}}\times\sqrt{\frac{SS_{xx}}{SS_{yy}}}\times\sqrt{\frac{n-2}{1-r^2}}=r\sqrt{\frac{n-2}{1-r^2}}=\frac{r\sqrt{n-2}}{\sqrt{1-r^2}} \tag{11.28}$$

【例 11.4】　利用四氧嘧啶法测定谷胱甘肽含量的标准曲线，表 11.7 为谷胱甘肽浓度与其在 305nm 处的吸光值，求出其相关系数并进行 t 检验。

表 11.7　谷胱甘肽标准曲线测定数据

浓度/(mg/mL)	0.00	0.02	0.04	0.06	0.08	0.10
吸光值	0.059	0.273	0.420	0.644	0.755	0.921

由题意可得：$SS_{xx}=0.007$；$SS_{yy}=0.5145$；$SS_{xy}=0.0598$；

所以

$$r=\frac{SS_{xy}}{\sqrt{SS_{xx}SS_{yy}}}=\frac{0.0598}{\sqrt{0.007\times0.5145}}=0.9965$$

假设

$$H_0:\rho=0;H_A:\rho\neq0$$

$$t=\frac{r\sqrt{n-2}}{\sqrt{1-r^2}}=\frac{0.9965\times2}{0.0837}=23.811$$

$t_{0.01,4}=4.604$，$t>t_{0.01,4}$，$p<0.01$，差异极显著，表明谷胱甘肽浓度与吸光值之间相关系数极显著。

当 $\rho\neq0$ 时，此时 r 分布不是正态分布，不能使用 t 检验。Fisher 提出 Z 变换，即

$$Z=\frac{1}{2}\ln\frac{1+r}{1-r} \tag{11.29}$$

当样本含量 n 足够大时，Z 渐近正态分布 $N\left(\zeta+\dfrac{\rho}{2(n-1)},\ \dfrac{1}{n-3}\right)$，此处 $\zeta=\dfrac{1}{2}\ln\dfrac{1+\rho}{1-\rho}$。$r$ 到 Z 的变换是反双曲面正切变换，公式为：$Z=\tanh^{-1}r$。附录 8 为 r 与 Z 的换算表，转换后的 Z 值可从表中查出。因为 σ_z 已知，所以使用 u 检验来进行分析。具体有以下三种情况：

① 判断总体相关系数是否为零，假设 $H_0：\rho=0$；$H_A：\rho\neq0$

检验公式为：

$$u=\frac{z-\left[\zeta_1+\dfrac{\rho}{2(n-1)}\right]}{\sigma_z}=\frac{z}{\sqrt{\dfrac{1}{n-3}}}=z\sqrt{n-3} \tag{11.30}$$

② 判断总体相关系数是否为某一定值，假设 $H_0：\rho=\rho_m$；$H_A：\rho\neq\rho_m$

检验公式为：

$$u=\frac{z-\left[\zeta_m+\dfrac{\rho_m}{2(n-1)}\right]}{\sigma_z}=\left(z-\zeta_m-\frac{\rho_m}{2(n-1)}\right)\sqrt{n-3} \tag{11.31}$$

③ 判断两个总体相关系数是否相等，假设 $H_0：\rho_1=\rho_2$；$H_A：\rho_1\neq\rho_2$。检验公式为：

$$u=\frac{(z_1-z_2)-\left[\zeta_1+\dfrac{\rho_1}{2(n_1-1)}-\zeta_2-\dfrac{\rho_2}{2(n_2-1)}\right]}{\sigma_{(z_1-z_2)}}$$

$$=\frac{z_1-z_2}{\sqrt{\dfrac{1}{n_1-3}+\dfrac{1}{n_2-3}}} \tag{11.32}$$

【例 11.5】 已知 $n=103$，以 $\alpha=0.05$ 的显著性水平，检验当 $r=0.6231$ 时，该样本总体相关系数是否为 0.7？

假设 $H_0：\rho=\rho_m$；$H_A：\rho\neq\rho_m$

检验统计量：

查表可知当 $\rho=0.7$ 时，$\zeta=0.87$；$r=0.6231$ 时，$z=0.73$

$$u=\frac{z-\left[\zeta_m+\dfrac{\rho_m}{2(n-1)}\right]}{\sigma_z}=\left(z-\zeta_m-\frac{\rho_m}{2(n-1)}\right)\sqrt{n-3}$$

$$=\left(0.73-0.87-\frac{0.7}{2\times102}\right)\times\sqrt{100}=-1.434$$

$u_{0.05(双)}=1.96$，$|u|<1.96$，$P>0.05$，接受 H_0，该样本总体相关系数 $\rho=0.7$。

此外，相关系数还可以利用相关系数检验表来进行检验，如果 $r>r_\alpha$，则两变量之间相关显著。

在进行相关系数分析时，一般观测值不少于 5 个，其余变量应尽量要求一致。同时，假如在一定区间内存在一定的相关系，但随着区间的外延，却不一定仍然符合原来的相关系数。

第三节　曲线回归

一、曲线回归分析概述

许多曲线类型可以通过变量转换转化为直线形式，然后对其进行回归分析，以建立回归方程，并可以进行显著性检验或者区间估计，最后再将直线回归方程还原为曲线回归方程。能直线化的曲线函数主要类型有双曲线函数、幂函数、指数函数、对数函数、Logistic 生长曲线等，表 11.8 为曲线回归方程的常用直线化方法。

表 11.8　曲线回归方程的常用直线化方法

曲线回归方程	经尺度转换的新变数和新参数				转换后的直线回归方程
	y'	x'	a'	b'	
$\hat{y}=a\mathrm{e}^{bx}\,(a>0)$	$y'=\ln y$		$a'=\ln a$		$\hat{y}'=a'+bx$
$\hat{y}=ab^{x}\,(a>0)$	$y'=\ln y$		$a'=\ln a$	$b'=\ln b$	$\hat{y}'=a'+b'x$
$\hat{y}=a+b\ln x\,(x>0)$		$x'=\ln x$			$\hat{y}=a+bx'$
$\hat{y}=ax^{b}\,(a>0,x>0)$	$y'=\ln y$	$x'=\ln x$	$a'=\ln a$		$\hat{y}'=a'+bx'$
$\hat{y}=\dfrac{x}{a+bx}\left(x\neq-\dfrac{a}{b}\right)$	$y'=\dfrac{x}{y}$				$\hat{y}'=a+bx$
$\hat{y}=\dfrac{a+bx}{x}\,(x\neq0)$	$y'=yx$				$\hat{y}'=a+bx$
$\hat{y}=\dfrac{1}{a+bx}\left(x\neq-\dfrac{a}{b}\right)$	$y'=\dfrac{1}{y}$				$\hat{y}'=a+bx$
$\hat{y}=\dfrac{k}{1+a\mathrm{e}^{-bx}}\,(a>0)$	$y'=\ln\left(\dfrac{k-y}{y}\right)$		$a'=\ln a$		$\hat{y}'=a'-bx$

曲线回归分析最重要的工作是判定 y 与 x 间曲线关系的类型。一是根据专业知识，二是根据描点法来判断。实在无法判断时，可以采用多项式回归，通过不断增加多项式的高次项来拟合。

二、Logistic 生长曲线

Logistic 生长曲线是生物学研究中常用的一种曲线（图 11.3），现以 Logistic 生长曲线为例来说明曲线回归方程直线化分析方法。

Logistic 生长曲线：

$$y=\frac{k}{1+a\mathrm{e}^{-bx}} \qquad (11.33)$$

若将 Logistic 生长曲线两端取倒数，得：$\dfrac{k}{y}=1+$

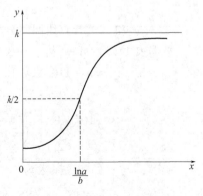

图 11.3　Logistic 生长曲线

$$a\,\mathrm{e}^{-bx},\frac{k-y}{y}=a\,\mathrm{e}^{-bx}$$

对两端取自然对数，得 $$\ln\frac{k-y}{y}=\ln a-bx \qquad (11.34)$$

令 $y'=\ln\dfrac{k-y}{y}$、$a'=\ln a$，可将其直线化为：

$$y'=a'-bx \qquad (11.35)$$

【例 11.6】 在一定条件下，大肠杆菌的生长曲线见表 11.9。试对时间与菌浓度进行回归分析。

表 11.9 大肠杆菌的生长曲线

时间/h	菌浓度/OD_{600}	$(2.08-y)/y$	$y'=\ln[(2.08-y)/y]$
0	0.023	89.43478	4.49351
2	0.319	5.520376	1.708446
4	1.283	0.6212	-0.4761
6	1.509	0.378396	-0.97181
8	1.587	0.310649	-1.16909
10	1.659	0.253767	-1.37134
12	1.716	0.212121	-1.5506
14	1.783	0.166573	-1.79232
16	1.779	0.169196	-1.7767
18	1.97	0.055838	-2.88531
20	2.079	0.000481	-7.63964

① 根据生物学知识并结合散点图的分布趋势，选择 Logistic（S 型）曲线，$y=\dfrac{k}{1+a\,\mathrm{e}^{-bx}}$，其中 k 称为极限生长量。由满足条件 $x_2=(x_1+x_3)/2$ 的 3 对观测值（0，0.023）、（10，1.659）、（20，2.079），来计算得 k 的估计值为：

$$k=\frac{y_2^2(y_1+y_3)-2y_1y_2y_3}{y_2^2-y_1y_3}=2.080$$

② 对 x 和 y' 进行直线回归分析。

根据表 11.9，可算得：

$$\bar{x}=\sum x/n=110/11=10.000 \qquad \bar{y}'=\sum y'/n=-13.431/11=-1.221$$

$$SS_x=\sum x^2-(\sum x)^2/n=1540-110^2/11=440$$

$$SS_{y'}=\sum y'^2-(\sum y')^2/n=102.991-(-13.431)^2/11=86.592$$

$$SS_{xy'}=\sum xy'-(\sum x)(\sum y')/n=-304.24-110\times(-13.431)/11=-169.93$$

所以 x 与 y' 的相关系数为：

$$r_{xy'}=SS_{xy'}/\sqrt{SS_xSS_{y'}}=-169.93/\sqrt{440\times86.592}=-0.871$$

而当 $df=n-2=9$ 时，$r_{0.01(9)}=0.735$，$|r|>r_{0.01(9)}$，$P<0.01$，表明 x 与 y' 间存在极显著的直线关系。又因为：

$$b=SS_{xy'}/SS_x=-169.93/440=-0.386$$

$$a'=\bar{y}'-b\bar{x}=-1.221-(-0.386)\times10=2.639$$

所以 y' 与 x 的直线回归方程为：

$$\hat{y}'=2.639-0.386x$$

③ 将变量 y' 还原为 y。

因为 $\qquad y'=\ln[(k-y)/y]$，$a'=\ln a$

所以 $\qquad a=e^{a'}=e^{2.639}=13.999$

$$\frac{2.08-y}{y}=e^{y'}=13.999e^{-0.386x}$$

则 Logistic（S 型）生长曲线方程为：

$$\hat{y}=\frac{2.08}{1+13.999e^{-0.386x}}$$

④ 曲线拟合度分析。

先根据回归方程 $\hat{y}=\dfrac{2.08}{1+13.999e^{-0.386x}}$ 计算出各估计值 $\hat{y}$ 和 $y-\hat{y}$，以此来计算出相关指数 r^2：$r^2=\dfrac{SS_{xy}^2}{SS_{xx}SS_{yy}}=\dfrac{38.098^2}{440\times4.36}=0.757$

表明曲线回归方程 $\hat{y}=\dfrac{2.08}{1+13.999e^{-0.386x}}$ 的拟合度并不是很高，仍需要使用其他类型回归方程进行拟合分析。

第四节　多元线性回归分析

在实际科学研究中，影响因变量的自变量常常是多个。这时候进行的回归分析就变为多元回归分析（multiple regression analysis），这其中最简单、常用且具有基础性质的是多元线性回归分析，很多非线性回归和多项式回归都可以通过简化为多元线性回归来解决，因此多元线性回归分析具有广泛的应用。多元线性回归分析的基本内容包括：依据因变量与多个自变量的实际观测值建立多元线性回归方程；再进行各个自变量对因变量的综合线性影响和单纯线性影响的显著性检验；然后选择对因变量有显著影响的自变量，优化多元线性回归方程；最后分析各个自变量对因变量影响的重要性差异及多元线性回归方程的偏离度等。

一、多元线性回归方程的建立

（一）多元线性回归的数学模型

设因变量 y 与自变量 x_1、x_2、$\cdots$、x_k 共有 n 组实际观测数据（表 11.10）。

假定因变量 y 与自变量 x_1、x_2、$\cdots$、x_k 之间存在线性关系，其数学模型为：

$$y_j = \beta_0 + \beta_1 x_{1j} + \beta_2 x_{2j} + \cdots + \beta_k x_{kj} + \varepsilon_j \tag{11.36}$$
$$(j = 1, 2, \cdots, n)$$

式中，β_k 为偏回归系数，$\alpha = \beta_0$；ε_j 为随机误差，服从正态分布 $N(0, \sigma^2)$。

表 11.10 因变量与自变量观测数据表

项目	x_1	x_2	$\cdots$	x_k	y
1	x_{11}	x_{21}	$\cdots$	x_{k1}	y_1
2	x_{12}	x_{22}	$\cdots$	x_{k2}	y_2
$\vdots$	$\vdots$	$\vdots$	$\cdots$	$\vdots$	$\vdots$
n	x_{1n}	x_{2n}	$\cdots$	x_{kn}	y_n

（二）建立线性回归方程

假设 y 对 x_1、x_2、$\cdots$、x_k 的多元线性回归方程为：

$$\hat{y} = b_0 + b_1 x_1 + b_2 x_2 + \cdots + b_k x_k \tag{11.37}$$

式中，b_0、b_1、b_2、$\cdots$、b_k 为 β_0、β_1、β_2、$\cdots$、β_k 的最小二乘估计值。偏回归系数 b_i $(i \geqslant 1)$ 表示自变量 x_i 每改变一个单位，因变量 y 平均改变的单位数值，b_0、b_1、b_2、$\cdots$、b_k 应满足实际观测值 y 与回归估计值 $\hat{y}$ 的残差平方和最小。

令
$$Q = \sum_{j=1}^{n} (y_j - \hat{y}_j)^2 = \sum_{j=1}^{n} (y_j - b_0 - b_1 x_{1j} - b_2 x_{2j} - \cdots - b_k x_{kj})^2 \tag{11.38}$$

Q 为关于 b_0、b_1、b_2、$\cdots$、b_k 的 $k+1$ 元函数。

根据微积分中多元函数求极值的方法，若使 Q 达到最小，则应有：

$$\frac{\partial Q}{\partial b_0} = -2 \sum_{j=1}^{n} (y_j - b_0 - b_1 x_{1j} - b_2 x_{2j} - \cdots - b_k x_{kj}) = 0 \tag{11.39}$$

$$\frac{\partial Q}{\partial b_i} = -2 \sum_{j=1}^{n} x_{ij} (y_j - b_0 - b_1 x_{1j} - b_2 x_{2j} - \cdots - b_k x_{kj}) = 0 \tag{11.40}$$
$$(i = 1, 2, \cdots, k)$$

经整理得：

$$\begin{cases} nb_0 + (\sum x_1)b_1 + (\sum x_2)b_2 + \cdots + (\sum x_k)b_k = \sum y \\ (\sum x_1)b_0 + (\sum x_1^2)b_1 + (\sum x_1 x_2)b_2 + \cdots + (\sum x_1 x_k)b_k = \sum x_1 y \\ (\sum x_2)b_0 + (\sum x_2 x_1)b_1 + (\sum x_2^2)b_2 + \cdots + (\sum x_2 x_k)b_k = \sum x_2 y \\ \vdots \qquad\qquad \vdots \qquad\qquad \vdots \qquad \cdots \qquad \vdots \qquad\qquad \vdots \\ (\sum x_k)b_0 + (\sum x_k x_1)b_1 + (\sum x_k x_2)b_2 + \cdots + (\sum x_k^2)b_k = \sum x_k y \end{cases} \tag{11.41}$$

解方程组（11.41）中的第一个方程可得

$$b_0 = \bar{y} - b_1 \bar{x}_1 - b_2 \bar{x}_2 - \cdots - b_k \bar{x}_k \tag{11.42}$$

将上式代入后面几个公式，并以 SS_{ii} 表示 x_i 的离均差平方和，SS_{ij} 表示 x_i 和 x_j 离均差乘积和 $(i \neq j)$，而 SS_{iy} 表示 x_i 和 y 离均差乘积和，这样就可以得到关于偏回归系数 b_1、b_2、$\cdots$、b_k 的正规方程组。

$$\begin{cases} SS_{11}b_1 + SS_{12}b_2 + \cdots + SS_{1k}b_k = SS_{1y} \\ SS_{21}b_1 + SS_{22}b_2 + \cdots + SS_{2k}b_k = SS_{2y} \\ \vdots \qquad \vdots \qquad \cdots \qquad \vdots \\ SS_{k1}b_1 + SS_{k2}b_2 + \cdots + SS_{kk}b_k = SS_{ky} \end{cases} \tag{11.43}$$

解此正规方程组（11.43）即可得出各个偏回归系数 b_1、b_2、$\cdots$、b_k 的值，再求出：

$$b_0 = \overline{y} - b_1\overline{x}_1 - b_2\overline{x}_2 - \cdots - b_k\overline{x}_k \tag{11.44}$$

于是得到 k 元线性回归方程：

$$\hat{y} = b_0 + b_1x_1 + b_2x_2 + \cdots + b_kx_k \tag{11.45}$$

对于正规方程组（11.43），即

$$A = \begin{bmatrix} SS_{11} & SS_{12} & \cdots & SS_{1k} \\ SS_{21} & SS_{22} & \cdots & SS_{2k} \\ \vdots & \vdots & \cdots & \vdots \\ SS_{k1} & SS_{k2} & \cdots & SS_{kk} \end{bmatrix}, \quad b = \begin{bmatrix} b_1 \\ b_2 \\ \vdots \\ b_k \end{bmatrix}, B = \begin{bmatrix} SS_{1y} \\ SS_{2y} \\ \vdots \\ SS_{ky} \end{bmatrix}$$

则正规方程组（11.43）可利用矩阵形式表示为：

$$\begin{bmatrix} SS_{11} & SS_{12} & \cdots & SS_{1k} \\ SS_{21} & SS_{22} & \cdots & SS_{2k} \\ \vdots & \vdots & \cdots & \vdots \\ SS_{k1} & SS_{k2} & \cdots & SS_{kk} \end{bmatrix} \begin{bmatrix} b_1 \\ b_2 \\ \vdots \\ b_k \end{bmatrix} = \begin{bmatrix} SS_{1y} \\ SS_{2y} \\ \vdots \\ SS_{ky} \end{bmatrix} \tag{11.46}$$

即 $$Ab = B \tag{11.47}$$

式中，A 为系数矩阵；b 为偏回归系数矩阵（列向量）；B 为常数项矩阵（列向量）。

设 C 矩阵为系数矩阵 A 的逆矩阵，即 $C = A^{-1}$，则

$$C = A^{-1} = \begin{bmatrix} SS_{11} & SS_{12} & \cdots & SS_{1k} \\ SS_{21} & SS_{22} & \cdots & SS_{2k} \\ \vdots & \vdots & \cdots & \vdots \\ SS_{k1} & SS_{k2} & \cdots & SS_{kk} \end{bmatrix}^{-1} = \begin{bmatrix} C_{11} & C_{12} & \cdots & C_{1k} \\ C_{21} & C_{22} & \cdots & C_{2k} \\ \vdots & \vdots & \cdots & \vdots \\ C_{k1} & C_{k2} & \cdots & C_{kk} \end{bmatrix} \tag{11.48}$$

对于矩阵方程（11.47）求解，有：

$$b = A^{-1}B = CB$$

即：

$$\begin{bmatrix} b_1 \\ b_2 \\ \vdots \\ b_k \end{bmatrix} = \begin{bmatrix} C_{11} & C_{12} & \cdots & C_{1k} \\ C_{21} & C_{22} & \cdots & C_{2k} \\ \vdots & \vdots & \cdots & \vdots \\ C_{k1} & C_{k2} & \cdots & C_{kk} \end{bmatrix} \begin{bmatrix} SS_{1y} \\ SS_{2y} \\ \vdots \\ SS_{ky} \end{bmatrix} \tag{11.49}$$

关于偏回归系数 b_1、b_2、$\cdots$、b_k 的解可表示为：

$$b_i = C_{i1}SS_{1y} + C_{i2}SS_{2y} + \cdots + C_{ik}SS_{ky} \tag{11.50}$$
$$(i = 1、2、\cdots、k)$$

而 $$b_0 = \overline{y} - b_1\overline{x}_1 - b_2\overline{x}_2 - \cdots - b_k\overline{x}_k \tag{11.51}$$

【例 11.7】 研究工艺条件等因素对食品营养成分的影响，选取三个自变量分别为：生产加工温度（℃）为 x_1，加热时间（h）为 x_2，加工前某成分的含量（g）为 x_3。因

变量为加工后某营养成分的含量（g）。试验测定结果见表11.11，请利用线性回归模型分析试验数据。

表 11.11　工艺条件对食品营养成分影响统计表

项目	x_1	x_2	x_3	y
1	50	2	2.2	6.9
2	52	2	4.9	10.2
3	69	2	1.8	8.3
4	70	2	5.1	10.9
5	51	4	5	11.1
6	52	4	2.1	8.4
7	68	4	2	9.1
8	70	4	5	12.6

根据表 11.11，经过计算，得出如下数据：

$$SS_{11}=653.5 \qquad SS_{22}=8 \qquad SS_{33}=17.809$$
$$SS_{12}=0 \qquad SS_{13}=3.175 \qquad SS_{23}=0.1$$
$$SS_{1y}=45.425 \qquad SS_{2y}=4.9 \qquad SS_{3y}=17.811$$
$$\overline{x}_1=60.25 \qquad \overline{x}_2=3 \qquad \overline{x}_3=3.5125$$
$$SS_y=23.909 \qquad \overline{y}=9.6875$$

将上述相关数据代入式（11.43），得出关于偏回归系数 b_1、b_2、b_3 的正规方程组：

$$\begin{cases} 653.5b_1+0+3.175b_3=45.425 \\ 0+8b_2+0.1b_3=4.9 \\ 3.175b_1+0.1b_2+17.809b_3=17.811 \end{cases}$$

解此方程组，得到 b_1、b_2、b_3 的解如下：

$b_1=0.0666$、$b_2=0.6002$、$b_3=0.9849$ 而

$b_0=\overline{y}-b_1\overline{x}_1-b_2\overline{x}_2-b_3\overline{x}_3=9.6875-0.0666\times60.25-0.6002\times3-0.9849\times3.5125$
$=0.4147$

所以三元线性回归方程为：

$$\hat{y}=0.4147+0.0666x_1+0.6002x_2+0.9849x_3$$

自变量的系数为正，表示试验结果会随着该指标的增加而增加；反之，则随着该指标的增加而减少。

二、多元线性回归的检验与分析

（一）多元线性回归方程的显著性检验

1. F 检验

由前述内容已知总平方和为：

$$SS_{yy} = \sum y_i^2 - (\sum y_i)^2/n \tag{11.52}$$

回归平方和为：
$$SS_R = \sum_{i=1}^{n}(\hat{y}_i - \bar{y})^2 = \sum_{i=1}^{k} b_i SS_{iy}, \mathrm{d}f = k \tag{11.53}$$

则残差平方和为：
$$SS_e = SS_{yy} - \sum_{i=1}^{k} b_i SS_{iy}, \mathrm{d}f = n-k-1 \tag{11.54}$$

上述例 11.7 方差分析见表 11.12。

表 11.12　多元线性回归方程方差分析表

项目	SS	$\mathrm{d}f$	MS	F	显著性
回归	23.5084	3	7.8361	78.2045	**
残差	0.4006	4	0.1002		
总和	23.909	7			

注：** 表示影响显著。

查 F 值表得 $F_{0.01(3,4)} = 16.69$，$F > F_{0.01(3,4)}$，说明 y 与 x_1、x_2、x_3 之间有十分显著的线性关系。

2. 相关系数检验法

复相关系数也能反映变量 y 与 x_1、x_2、x_3 之间是否存在显著的线性关系。

$$r = \sqrt{\frac{SS_R}{SS_T}} = \sqrt{\frac{SS_T - SS_e}{SS_T}} = 0.9916$$

$r > r_{0.01(3,4)} = 0.962$，说明 y 与 x_1、x_2、x_3 之间存在显著的线性关系。

由于试验次数 n 会影响 SS_T 和 SS_R 的大小，所以多元线性回归分析还有一个修正自由度的决定系数（adjusted R square），其计算公式如下：

$$\overline{R^2} = 1 - \frac{n-1}{n-k-1} \times (1-R^2) \tag{11.55}$$

由公式可知，试验次数越多，$\overline{R^2}$ 越小。

（二）因素主次的判断方法

除了对回归方程进行检验外，因素影响的重要程度也是常常被关注的事项。这就需要对偏回归系数进行 F 检验或者 t 检验。

1. F 检验

每个因素的偏回归平方和为：$SS_j = b_j SS_{jy} = b_j^2 SS_{jj}$，$\mathrm{d}f_i = 1$

$F = \dfrac{SS_j/1}{MS_e}$，随后比较 F 值与 $F_{0.05(1,n-k-1)}$、$F_{0.01(1,n-k-1)}$。

例 11.7 中：$F_1 = \dfrac{SS_1/1}{MS_e} = \dfrac{b_1 SS_{1y}}{MS_e} = \dfrac{3.0253}{0.1002} = 30.193$，同理：$F_2 = 29.351$；$F_3 = 175.070$

查表 $F_{0.01(1,4)} = 21.20$，由此可见三个因素对试验结果都具有极显著的影响。三个因素的主次顺序为：$x_3 > x_1 > x_2$。

2. t 检验

$s_{bj} = \sqrt{\dfrac{MS_e}{SS_{jj}}}$，对于 x_1 而言：$s_{b1} = \sqrt{\dfrac{MS_e}{SS_{11}}} = \sqrt{\dfrac{0.1002}{653.5}} = 0.01238$，

$$t=\frac{b_1}{s_{b1}}=\frac{0.0666}{0.01238}=5.3796, \quad t_{0.01,4}=4.604, \quad t>t_{0.01,4}, \text{所以} x_1 \text{对试验结果具有极显著}$$

的影响，同理分析 x_2 与 x_3。如果差异不显著，可以剔除该自变量。

 习 题

1. 解释回归系数、决定系数、相关系数。

2. 大鼠日龄与体重统计资料见表 11.13，试进行回归分析，并对回归方程和系数进行显著性检验。

表 11.13   大鼠日龄与体重统计表

x/d	6	9	12	15	18
y/g	11	16.5	22	26	29

3. 某单位在大田对稀播条件下荞麦植株干重（y）与生长时间（x）的关系进行了研究。从出苗以后开始，每 4 天随机从大田抽取一定数目的个体测定其植株干重，重复 3 次。共进行 6 次记载，所得数据列于表 11.14。请进行回归分析，并计算回归方程和相关系数，检验回归方程的显著性。

表 11.14   荞麦植株干重与生长时间的关系统计表

时间（x）	1.00	2.00	3.00	4.00	5.00	6.00
干重（y）	0.20	1.00	2.10	6.00	8.20	13.00
	0.40	0.80	2.00	5.80	8.60	16.00
	0.30	1.20	2.40	4.60	9.00	20.00

4. 根据表 11.15 中数据计算蛋白质和赖氨酸的相关系数，并进行显著性检验。

表 11.15   蛋白质与赖氨酸的相关性统计表

蛋白质	8.77	8.69	8.36	10.05	9.8	8.4	8.09	8.70	10.25	9.00
赖氨酸	0.298	0.280	0.327	0.261	0.275	0.327	0.300	0.295	0.255	0.265

5. 表 11.16 是对来航鸡胚胎生长的研究，测得 5~20 日龄鸡胚质量资料，试建立鸡胚重依日龄变化的回归方程（用 Logistic 曲线拟合）。

表 11.16   不同日龄鸡胚胎重量统计表

日龄（x）/d	5	6	7	8	9	10	11	12
胚重（y）/g	0.250	0.498	0.846	1.288	1.656	2.662	3.100	4.579
日龄（x）/d	13	14	15	16	17	18	19	20
胚重（y）/g	6.518	7.486	9.948	14.522	15.610	19.914	23.736	26.472

6. 根据表 11.17 某猪场 25 头育肥猪 4 个胴体性状的数据资料，试进行瘦肉量（y）对眼肌面积（x_1）、腿肉量（x_2）、腰肉量（x_3）的多元线性回归分析。

表 11.17 育肥猪胴体性状的数据统计表

序号	瘦肉量 y/kg	眼肌面积 x_1/cm²	腿肉量 x_2/kg	腰肉量 x_3/kg	序号	瘦肉量 y/kg	眼肌面积 x_1/cm²	腿肉量 x_2/kg	腰肉量 x_3/kg
1	15.02	23.73	5.49	1.21	14	15.94	23.52	5.18	1.98
2	12.62	22.34	4.32	1.35	15	14.33	21.86	4.86	1.59
3	14.86	28.84	5.04	1.92	16	15.11	28.95	5.18	1.37
4	13.98	27.67	4.72	1.49	17	13.81	24.53	4.88	1.39
5	15.91	20.83	5.35	1.56	18	15.58	27.65	5.02	1.66
6	12.47	22.27	4.27	1.50	19	15.85	27.29	5.55	1.70
7	15.80	27.57	5.25	1.85	20	15.28	29.07	5.26	1.82
8	14.32	28.01	4.62	1.51	21	16.40	32.47	5.18	1.75
9	13.76	24.79	4.42	1.46	22	15.02	29.65	5.08	1.70
10	15.18	28.96	5.30	1.66	23	15.73	22.11	4.90	1.81
11	14.20	25.77	4.87	1.64	24	14.75	22.43	4.65	1.82
12	17.07	23.17	5.80	1.90	25	14.37	20.44	5.10	1.55
13	15.40	28.57	5.22	1.66					

第十二章
协方差分析

第一节　协方差分析概述

协方差是用来衡量两个变量总体的误差，它是将回归分析与方差分析结合起来，对试验数据进行分析的一种方法。协方差分析的意义主要是消除混杂因素对分析指标的影响，真实反映试验实际，降低试验误差，提高试验的精确性和准确性，实现统计控制。

根据前几章所述，$\dfrac{\sum(x-\overline{x})^2}{n-1}$ 是 x 的均方 MS_x，它是 x 方差 σ_x^2 的无偏估计；$\dfrac{\sum(y-\overline{y})^2}{n-1}$ 是 y 的均方 MS_y，它是 y 方差 σ_y^2 的无偏估计；而 $\dfrac{\sum(x-\overline{x})(y-\overline{y})}{n-1}$ 称为 x 与 y 离均差乘积和的平均数，简称均积，记为 MP_{xy}，即：

$$MP_{xy}=\frac{\sum(x-\overline{x})(y-\overline{y})}{n-1}=\frac{\sum xy-\dfrac{(\sum x)(\sum y)}{n}}{n-1} \tag{12.1}$$

与均积相应的总体参数叫协方差（covariance），记为 $COV(x, y)$ 或 σ_{xy}。统计学已证明均积 MP_{xy} 是总体协方差 $COV(x, y)$ 的无偏估计量，即 $EMP_{xy}=COV(x, y)$。这种把两个变量的总乘积和根据自由度进行剖分获得相应均积的方法就称为协方差分析。均积与均方具有相似的形式，也具有相似的性质。在方差分析中，通过比较均方 MS 和期望均方 EMS 的关系，可以推断水平的影响程度。同样，在协方差分析中，根据均积 MP 和期望均积 EMP 的关系，可推导出不同变异来源的协方差估计值，从而可进行相应的总体相关分析。

协方差分析的应用条件主要包括以下几个方面：①各组协变量 x 与因变量 y 是线性关系，即样本回归系数 b 具有统计学意义；②各样本回归系数 b 之间差异不显著，或者各回归直线近似平行；③各组残差基本呈正态分布；④各协变量平均数之间差别不能太大。所以在协方差分析前，应该先进行方差齐性检验与回归系数的分析。

第二节　单因素试验资料的协方差分析

前述方差分析的数据模型是：

$$y_{ij} = \mu + \alpha_i + e_{ij} \tag{12.2}$$

式中，μ 为真值；α_i 为水平间差异；e_{ij} 为随机误差。

而协方差分析的数据模型则改变为：

$$y_{ij} = \mu + \alpha_i + \beta(x_{ij} - \mu_x) + e_{ij} \tag{12.3}$$

式中，μ、α_i、e_{ij} 意义同上；$\beta(x_{ij} - \mu_x)$ 为协方差的影响。

现有 k 个处理、r 次重复的双变量试验资料，每处理组内皆有 r 对观测值 x、y，则该资料即为具有 kr 对 x、y 观测值的单向分组资料，其数据模式如表 12.1 所示。

表 12.1　kr 对观测值 x、y 单向分组资料的一般形式

处理	处理 1		处理 2		$\cdots$	处理 i		$\cdots$	处理 k	
观测指标	x	y	x	y	$\cdots$	x	y	$\cdots$	x	y
观测值 x_{ij}、y_{ij} $(i=1,2,\cdots k$ $j=1,2,\cdots,r)$	x_{11} x_{12} $\cdots$ x_{1j} $\cdots$ x_{1r}	y_{11} y_{12} $\cdots$ y_{1j} $\cdots$ y_{1r}	x_{21} x_{22} $\cdots$ x_{2j} $\cdots$ x_{2r}	y_{21} y_{22} $\cdots$ y_{2j} $\cdots$ y_{2r}	$\cdots$ $\cdots$ $\cdots$ $\cdots$ $\cdots$	x_{i1} x_{i2} $\cdots$ x_{ij} $\cdots$ x_{ir}	y_{i1} y_{i2} $\cdots$ y_{ij} $\cdots$ y_{ir}	$\cdots$ $\cdots$ $\cdots$ $\cdots$ $\cdots$	x_{k1} x_{k2} $\cdots$ x_{kj} $\cdots$ x_{kr}	y_{k1} y_{k2} $\cdots$ y_{kj} $\cdots$ y_{kr}
总和	$x_1.$	$y_1.$	$x_2.$	$y_2.$	$\cdots$	$x_i.$	$y_i.$	$\cdots$	$x_k.$	$y_k.$
平均数	$\overline{x}_1.$	$\overline{y}_1.$	$\overline{x}_2.$	$\overline{y}_2.$	$\cdots$	$\overline{x}_i.$	$\overline{y}_i.$	$\cdots$	$\overline{x}_k.$	$\overline{y}_k.$

表 12.1 中 x 和 y 变量的自由度和平方和的分析参照单因素数据资料方差分析一节。其乘积和的分析简述如下：

总变异的乘积和 SP_T 可表示为：

$$SP_T = \sum_{i=1}^{k}\sum_{j=1}^{r}(x_{ij}-\overline{x}..)(y_{ij}-\overline{y}..) = \sum_{i=1}^{k}\sum_{j=1}^{r}x_{ij}y_{ij} - \frac{T_{x..}\,T_{y..}}{kr} \tag{12.4}$$

$$\mathrm{d}f_T = kr - 1 \tag{12.5}$$

其中 $T_{x..} = \sum_{i=1}^{k}x_i.$，$T_{y..} = \sum_{i=1}^{k}y_i.$，$\overline{x} = \dfrac{T_{x..}}{kr}$，$\overline{y} = \dfrac{T_{y..}}{kr}$。

处理间的乘积和 SP_t 可表示为：

$$SP_t = r\sum_{i=1}^{k}(\overline{x}_i.-\overline{x}..)(\overline{y}_i.-\overline{y}..) = \frac{1}{r}\sum_{i=1}^{k}x_i.\,y_i. - \frac{T_{x..}\,T_{y..}}{kr} \tag{12.6}$$

$$\mathrm{d}f_t = k - 1 \tag{12.7}$$

处理内的随机误差 SP_e 则可以表示为：

$$SP_e = \sum_{i=1}^{k}\sum_{j=1}^{r}(x_{ij}-\overline{x}_i.)(y_{ij}-\overline{y}_i.) = \sum_{i=1}^{k}\sum_{j=1}^{r}x_{ij}y_{ij} - \frac{1}{r}\sum_{i.=1}^{k}x_i.\,y_i. = SP_T - SP_t$$

$$\tag{12.8}$$

$$\mathrm{d}f_e = k(r-1) \tag{12.9}$$

【例 12.1】　为研究某降血糖药物的效能及其与盐酸二甲双胍片是否存在协同作用，选择收治 30 名 2 型糖尿病患者，分为三个治疗组，第一组为降糖药组，第二组为盐酸二甲双胍片组，第三组为降糖药＋盐酸二甲双胍片组，每组患者 10 名，测定其初始糖化血红蛋白含量（%），治疗 3 个月后再测定糖化血红蛋白含量降低值（%），其数据见表 12.2，请分析三种治疗方式的效果是否有差异？

表 12.2 初始糖化血红蛋白含量与治疗后降低值统计表

项目	第一组		第二组		第三组	
	$x_1/\%$	$y_1/\%$	$x_2/\%$	$y_2/\%$	$x_3/\%$	$y_3/\%$
1	8.5	1	7.6	0.5	9.2	1.9
2	9	1.2	8.2	0.7	9.6	1.9
3	9.2	1.2	8.3	0.6	9.8	2
4	9.4	1.3	8.8	0.7	10.1	2
5	9.9	1.4	9	0.8	10.3	2.1
6	10.4	1.5	9.4	1	10.7	2.3
7	10.6	1.5	9.7	1	11	2.3
8	10.8	1.6	9.9	1	11.2	2.4
9	11.2	1.7	10	1.1	11.6	2.4
10	11.6	1.8	10.4	1.2	12	2.5

协方差分析的计算步骤如下：

（1）变量 x 各项平方和与自由度

① 总平方和与自由度

$$SS_{T(x)} = \sum\sum x_{ij}^2 - \frac{T_{x..}^2}{kr} = 8.5^2 + 9^2 + \cdots + 12^2 - \frac{297.4^2}{30} = 2982.8 - 2948.225 = 34.575$$

$$\mathrm{d}f_{T(x)} = kr - 1 = 3 \times 10 - 1 = 29$$

② 处理间平方和与自由度

$$SS_{t(x)} = \frac{1}{r}\sum_{i.=1}^{k} T_{x_{i.}}^2 - \frac{T_{x..}^2}{kr} = \frac{1}{10} \times (100.6^2 + 91.3^2 + 105.5^2) - \frac{297.4^2}{30} = 10.405$$

$$\mathrm{d}f_{t(x)} = k - 1 = 3 - 1 = 2$$

③ 处理内平方和与自由度

$$SS_{e(x)} = SS_{T(x)} - SS_{t(x)} = 34.575 - 10.405 = 24.17$$

$$\mathrm{d}f_{e(x)} = k(r-1) = 3 \times (10-1) = 27$$

（2）变量 y 各项平方和与自由度

① 总平方和与自由度

$$SS_{T(y)} = \sum\sum y_{ij}^2 - \frac{T_{y..}^2}{kr} = 1^2 + 1.2^2 + \cdots + 2.5^2 - \frac{44.6^2}{30} = 76.58 - 66.305 = 10.275$$

$$\mathrm{d}f_{T(y)} = kr - 1 = 3 \times 10 - 1 = 29$$

② 处理间平方和与自由度

$$SS_{t(y)} = \frac{1}{r}\sum_{i.=1}^{k} T_{y_{i.}}^2 - \frac{T_{y..}^2}{kr} = \frac{1}{10} \times (14.2^2 + 8.6^2 + 21.8^2) - \frac{44.6^2}{30}$$

$$= 75.084 - 66.305 = 8.779$$

$$\mathrm{d}f_{t(y)} = k - 1 = 3 - 1 = 2$$

③ 处理内平方和与自由度

$$SS_{e(y)} = SS_{T(y)} - SS_{t(y)} = 10.275 - 8.779 = 1.496$$

$$df_{e(y)} = k(r-1) = 3 \times (10-1) = 27$$

（3）x 和 y 两变量各项离均差乘积和与自由度

① 总乘积和与自由度

$$SP_T = \sum_{i=1}^{k}\sum_{j=1}^{r} x_{ij}y_{ij} - \frac{T_{x..}T_{y..}}{kr} = 8.5 \times 1 + 9 \times 1.2 + \cdots + 12 \times 2.5 - \frac{297.4 \times 44.6}{3 \times 10}$$

$$= 457.26 - 442.135 = 15.125$$

$$df_{T(x,y)} = kr - 1 = 3 \times 10 - 1 = 29$$

② 处理间乘积和与自由度

$$SP_t = \frac{1}{r}\sum_{i=1}^{k} T_{x_{i.}}T_{y_{i.}} - \frac{T_{x..}T_{y..}}{kr} = \frac{1}{10} \times (100.6 \times 14.2 + \cdots + 105.5 \times 21.8) - \frac{297.4 \times 44.6}{3 \times 10}$$

$$= 451.36 - 442.135 = 9.225$$

$$df_{t(x,y)} = k - 1 = 3 - 1 = 2$$

③ 处理内乘积和与自由度

$$SP_e = SP_T - SP_t = 15.125 - 9.225 = 5.9$$

$$df_{e(x,y)} = k(r-1) = 3 \times (10-1) = 27$$

（4）x 和 y 各项方差分析（表 12.3）

表 12.3 初始糖化血红蛋白含量与治疗后降低值方差分析

差异来源	df	x 变量			y 变量			F 值
		SS	MS	F	SS	MS	F	
处理间	2	10.405	5.203	5.813**	8.779	4.390	79.242**	$F_{0.05}=3.35$
处理内（误差）	27	24.17	0.895		1.496	0.0554		$F_{0.01}=5.49$
总变异	29	34.575			10.275			

注：** 表示影响显著。

分析结果表明，3 种处理的糖化血红蛋白含量降低值存在着极显著的差异，但其初始糖化血红蛋白含量差异也是极显著的。需进行协方差分析，以消除初始值不同对试验结果的影响，减少试验误差，更准确表达各因素的关系。

（5）协方差分析

① 误差项回归关系的分析。误差项回归关系分析的意义是要找出初始值与降低值之间真实的函数关系。如果误差项回归关系存在，需要从原始的降低值中剔除由初始值差异而造成的那一部分误差。

回归分析的具体步骤如下：

a. 误差项回归系数：

$$b_{yx(e)} = \frac{SP_e}{SS_{e(x)}} = \frac{5.9}{24.17} = 0.244 \tag{12.10}$$

误差项回归平方和：

$$SS_{R(e)} = \frac{SP_e^2}{SS_{e(x)}} = \frac{5.9^2}{24.17} = 1.440 \qquad (12.11)$$

$$df_{R(e)} = 1$$

误差项离回归平方和：

$$SS_{r(e)} = SS_{e(y)} - SS_{R(e)} = 1.496 - 1.440 = 0.056 \qquad (12.12)$$

$$df_{r(e)} = df_{e(y)} - df_{R(e)} = 27 - 1 = 26$$

b. 检验回归关系的显著性（表 12.4）。

表 12.4 误差项回归方程显著性检验

差异来源	SS	df	MS	F	$F_{0.01}$
误差回归	1.440	1	1.440	669.767∗∗	7.255
误差离回归	0.056	26	0.00215		
误差总和	1.496	27			

注：∗∗表示影响显著。

F 检验表明，误差项回归方程真实存在，需要利用线性回归关系来重新校正降低值，并进行方差分析。

② 对校正后的 y 值做方差分析。

a. 求出校正后 y 值的各项平方和及自由度，利用线性回归关系对其校正。其各项计算步骤如下。

ⓐ 校正 y 值的总平方和与自由度：

$$SS_T' = SS_{T(y)} - SS_{R(y)} = SS_{T(y)} - \frac{SP_T^2}{SS_{T(x)}} = 10.275 - \frac{15.125^2}{34.575} = 3.658 \qquad (12.13)$$

$$df_T' = df_{T(y)} - df_{R(y)} = 29 - 1 = 28$$

ⓑ 校正 y 值的误差项平方和与自由度：

$$SS_e' = SS_{e(y)} - SS_{R(e)} = SS_{e(y)} - \frac{SP_e^2}{SS_{e(x)}} = 1.496 - \frac{5.9^2}{24.17} = 0.056 \qquad (12.14)$$

$$df_e' = df_{e(y)} - df_{e(R)} = 27 - 1 = 26$$

因仅有一个自变量 x，上述回归自由度均为 1。

ⓒ 校正 y 值的处理间平方和与自由度：

$$SS_t' = SS_T' - SS_e' = 3.658 - 0.056 = 3.602 \qquad (12.15)$$

$$df_t' = df_T' - df_e' = 2$$

b. 协方差分析表（表 12.5）。

表 12.5 协方差分析表

差异来源	SS'	df'	MS	F
校正处理间	3.602	2	1.801	837.674∗∗
机误	0.056	26	0.00215	
总和	3.658	28		

注：∗∗表示影响显著。

查 F 表：$F_{0.01(2,26)}=5.53$，由于 $F=837.674 > F_{0.01(2,26)}$，$P < 0.01$，表明校正后的 y 值间存在极显著的差异。故需进一步进行多重比较，比较不同处理间的显著性差异。

c. 根据线性回归关系校正 y 值。

其计算公式如下：

$$\overline{y}_{i.}' = \overline{y}_{i.} - b_{yx(e)}(\overline{x}_{i.} - \overline{x}_{..}) \tag{12.16}$$

具体计算结果见表 12.6。

表 12.6　各 y 值校正计算表

处理	$\overline{x}_{i.} - \overline{x}_{..}$	$b_{yx(e)}(\overline{x}_{i.} - \overline{x}_{..})$	$\overline{y}_{i.}$	$\overline{y}_{i.} - b_{yx(e)}(\overline{x}_{i.} - \overline{x}_{..})$
处理 1	0.147	0.0359	1.42	1.384
处理 2	−0.783	−0.191	0.86	1.051
处理 3	0.637	0.155	2.18	2.025

d. 各校正后 y 值的多重比较。

多重比较可以利用 t 检验法、最小显著极差法等方法，这里以最小显著极差法为例讲解。其 $\overline{S}_{\overline{y}_{i.}' - \overline{y}_{j.}'}$ 的计算公式如下：

$$\overline{S}_{\overline{y}_{i.}' - \overline{y}_{j.}'} = \sqrt{\frac{2MS_e'}{r}\left[1 + \frac{SS_{t(x)}}{SS_{e(x)}(k-1)}\right]} = \sqrt{\frac{2 \times 0.00215}{10} \times \left[1 + \frac{10.405}{24.17 \times (3-1)}\right]} = 0.0229 \tag{12.17}$$

然后查出临界 t 值，计算出最小显著差数：

$$LSD_a = t_{a(\mathrm{d}f_e')}\overline{S}_{\overline{y}_{i.}' - \overline{y}_{j.}'} \tag{12.18}$$

由 $\mathrm{d}f_e' = 26$，查临界 t 值得：$t_{0.05(26)} = 2.056$，$t_{0.01(26)} = 2.779$；于是

$$LSD_{0.05} = 2.056 \times 0.0229 = 0.0471$$

$$LSD_{0.01} = 2.779 \times 0.0229 = 0.0636$$

由表 12.7 可知，不同处理方式的校正 y 值平均值之间均存在极显著的差异，说明降血糖药物与盐酸二甲双胍片之间确实存在协同作用。

表 12.7　不同处理方式对 y 值影响差异分析表

	$\overline{y}_{2.}'/1.051$	$\overline{y}_{1.}'/1.384$	$\overline{y}_{3.}'/2.025$
$\overline{y}_{3.}'/2.025$	0.974 **	0.641 **	
$\overline{y}_{1.}'/1.384$	0.333 **		
$\overline{y}_{2.}'/1.051$			

注：** 表示影响显著。

 习　题

把体重相近的 36 只大白鼠按一定条件分成 12 个区组，每个区组的 3 只大白鼠再随机分

配到 3 种饲料组进行喂养，记录下 3 组大白鼠的进食量（X）和所增体重（Y）的原始资料，结果如表 12.8 所示。试分析 3 组大白鼠增重的总体均数是否有差别？

表 12.8　3 组大白鼠的进食量与增重情况　　　　　　　　　　单位：g

区组	核黄素缺乏组		限食量组		不限食量组	
	X_1	Y_1	X_2	Y_2	X_3	Y_3
1	256.9	27.0	260.3	32.0	544.7	160.3
2	271.6	41.7	271.1	47.1	481.2	96.1
3	210.2	25.0	214.7	36.7	418.9	114.6
4	300.1	52.0	300.1	65.0	556.6	134.8
5	262.2	14.5	269.7	39.0	394.5	76.3
6	304.4	48.8	307.5	37.9	426.6	72.8
7	272.4	48.0	278.9	51.5	416.1	99.4
8	248.2	9.5	256.2	26.7	549.9	133.7
9	242.8	37.0	240.8	41.0	580.5	147.0
10	342.9	56.5	340.7	61.3	608.3	165.8
11	356.9	76.0	356.3	102.1	559.6	169.8
12	198.2	9.2	199.2	8.1	371.9	54.3

第十三章

响应面优化法

第一节　响应面优化法简介

　　响应面优化法（response surface methodology，RSM）是一种主要用来解决非线性数据处理问题的试验条件寻优方法。它通过将复杂的未知函数关系在小区域内用简单的一次或二次多项式模型来拟合，使计算变得更简便。这其中囊括了试验设计、建模、模型合适性的检验、最佳组合条件的推算等一系列试验和统计技术；它还通过对过程的回归拟合和响应曲面、等高线的绘制等方法以求得相对于各因素水平的响应值。在此基础上，可以预测响应最优值及对应的试验条件。可以说，响应面优化法是可降低开发成本、优化工艺条件、提高产品质量、解决实际生产问题的一种行之有效的方法。

　　正交试验只能对单个孤立的试验点进行分析，而响应面优化法所获得的预测模型是连续的，可以连续地分析试验的各个水平。当然，响应面优化的前提是：检测范围应包括各因素的最佳试验点；否则，得到的优化结果会不理想。因而，在响应面优化之前，合理的试验因素与水平选择是非常重要的。试验因素与水平的选择有多种方法，常使用的包括下列几种：

　　① 利用现有文献报道的结果，来初步确定响应面优化的因素与水平。

　　② 利用单因素试验，由试验结果来确定响应面优化的因素与水平。

　　③ 通过爬坡试验，来确定合适的响应面优化的因素与水平。

　　④ 使用 2 水平因子试验设计，以此确定合适的响应面优化的因素与水平。

　　确定了试验因素与水平后，接下来进行的就是试验设计。最常用的是：Central Composite Design 响应面优化分析、Box-Behnken Design 响应面优化分析。

　　Central Composite Design，即中心组合设计（CCD）。它是多因素 5 水平的试验设计，是在 2 水平（±1）析因设计的基础上加上极值点（$\pm\gamma$，也称为轴点、星点）和中心点重复试验构成的。γ 为极值，$\gamma=(F)^{1/4}$；其中 F 为析因设计部分试验次数，其数值为：$F=2^k$ 或 $F=2^k\times(1/2)$，k 为因素数，而后者 $F=2^k\times(1/2)$ 常用于 5 因素以上的试验设计。

　　Box-Behnken Design(BBD)，是 1960 年由 Box 与 Behnken 提出适配响应面的 3 水平二阶试验设计。它是将 2^k 析因设计与不完全随机区组设计相结合而发展起来的一种 3 水平因子设计法。它的因子水平仅取 ±1 与 0，3 个水平，它的试验点不像 2 水平因子设计一样在立方体的顶点上，而是位于距离中心点等距的球体上。其试验次数为 $N=\dfrac{4k(k-1)}{2}+m_0$，

m_0 为中心点试验次数，k 为因素数。BBD 是具有试验次数较少，能估计一阶、二阶交互作用的多项式模型。

响应面分析获得的优化结果仅是一个预测结果，仍需要做试验进行验证。如果依据预测的试验条件，得到了与预测结果一致的试验结果，则说明此响应面优化分析是成功的，否则需要重新设计与分析。

第二节　响应面数据处理

一、BBD 试验设计部分

下面利用具体例子来讲述响应面数据处理，试验设计采用 Box-Behnken Design，数据分析采用 Design-Expert 10 软件。

【例 13.1】　设定 3 个因素（即 A、B、C）。设 A 为海藻酸钠浓度（%），B 为壳聚糖浓度（%），C 为 PD 作用时间（h），利用上述材料固定化微生物菌群降解石油，R_1 为石油降解率（%）。各试验因素水平没有设置编码，直接将对应的水平值填入。具体试验安排见图 13.1。

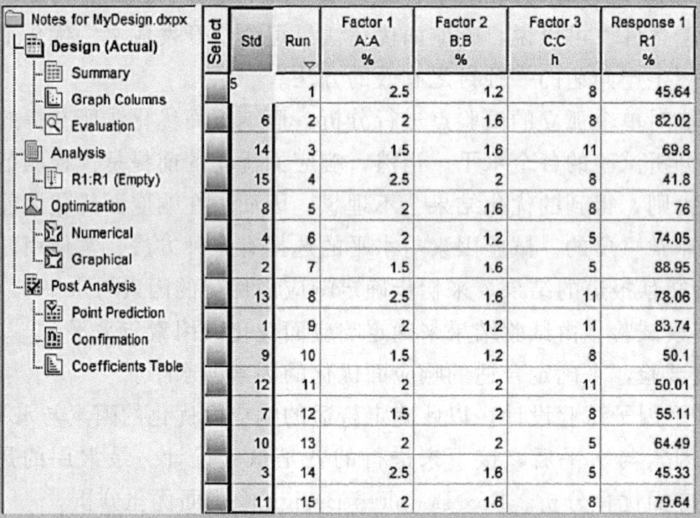

Std	Run	Factor 1 A:A %	Factor 2 B:B %	Factor 3 C:C h	Response 1 R1 %
5	1	2.5	1.2	8	45.64
6	2	2	1.6	8	82.02
14	3	1.5	1.6	11	69.8
15	4	2.5	2	8	41.8
8	5	2	1.6	8	76
4	6	2	1.2	5	74.05
2	7	1.5	1.6	5	88.95
13	8	2.5	1.6	11	78.06
1	9	2	1.2	11	83.74
9	10	1.5	1.2	8	50.1
12	11	2	2	11	50.01
7	12	1.5	1.6	8	55.11
10	13	2	2	5	64.49
3	14	2.5	1.6	5	45.33
11	15	2	1.6	8	79.64

图 13.1　BBD 试验设计安排表

二、响应面分析部分

如图 13.2，采用完整的二次多项式拟合方程。根据图 13.3 中的方差分析结果（$P < 0.05$ 为显著项），可见 AC、A^2、B^2 这三项为显著项；"Lack of Fit" 的值为 11.89，失拟不显著。

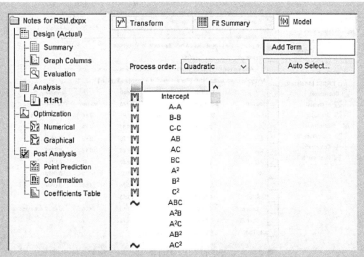

图 13.2　未手动优化前的拟合方程模型

Source	Sum of Squares	df	Mean Square	F Value	p-value Prob > F	
Model	3317.39	9	368.60	5.32	0.0401	significant
A-A	352.85	1	352.85	5.09	0.0736	
B-B	221.76	1	221.76	3.20	0.1336	
C-C	9.66	1	9.66	0.14	0.7242	
AB	19.58	1	19.58	0.28	0.6177	
AC	672.88	1	672.88	9.71	0.0263	
BC	146.05	1	146.05	2.11	0.2062	
A²	754.78	1	754.78	10.90	0.0215	
B²	1037.16	1	1037.16	14.97	0.0118	
C²	116.31	1	116.31	1.68	0.2516	
Residual	346.33	5	69.27			
Lack of Fit	327.94	3	109.31	11.89	0.0786	not significant
Pure Error	18.38	2	9.19			
Cor Total	3663.72	14				

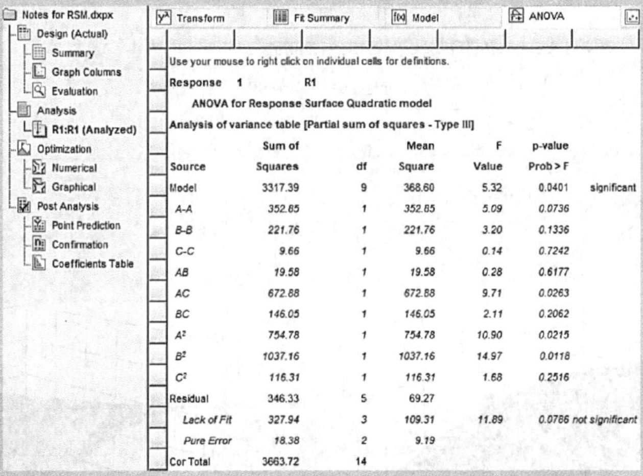

图 13.3　未手动优化前的响应面分析结果

在原有拟合方程的基础上，去掉不显著项 AB、BC、C^2，相应的手动优化后响应面分析结果见图 13.4。模型的“F-Value”值与“Lack of Fit”值仍满足要求，因此手动优化结果合理。如果结果不合理，可尝试增加部分去掉的项目，来查看方差的合理性。

响应面分析结果会出现编码的回归方程和未编码的回归方程，该例中直接使用未编码的回归方程。其公式为：$Y=-245.020+153.212A+330.672B-16.927C+8.647AC-58.917A^2-107.448B^2$。该方程可直接进行求解，以获得最优值与相应的试验条件。

响应值 R_1 是石油降解率，其优化标准是越大越好，图 13.5 是相应的优化结果，R_1 最优降解率为 88.506%。其最佳试验条件为：海藻酸钠浓度为 1.667%，壳聚糖浓度为 1.539%，PD 作用时间为 5h。响应面 3D 效果图，详见图 13.6 与图 13.7。但由于该设计中 A、B、C 差异不显著，所以还需要重新设计试验，再次进行响应面设计。

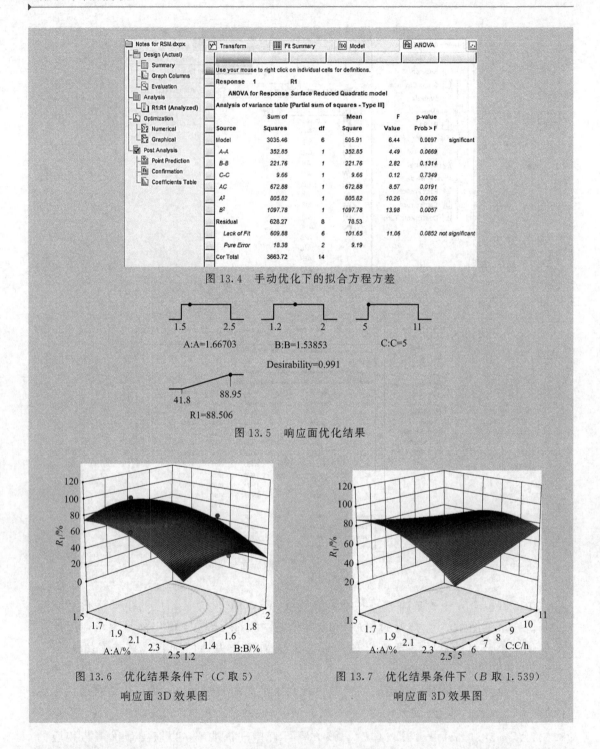

图 13.4　手动优化下的拟合方程方差

图 13.5　响应面优化结果

图 13.6　优化结果条件下（C 取 5）
响应面 3D 效果图

图 13.7　优化结果条件下（B 取 1.539）
响应面 3D 效果图

 习　题

利用响应面设计研究超声波辅助热水浸提法提取香菇多糖的影响因素，主要考察三个因素：料液比（1∶20，1∶30，1∶40）；超声时间/min（10，20，30）；浸提时间/h（2，3，

4），试验数据见表 13.1，请用响应面优化法进行分析。

表 13.1 响应面设计试验数据

序号	料液比	超声时间/min	浸提时间/h	响应值/%
1	0	0	0	9.5
2	−1	−1	0	5.9
3	0	1	−1	8.3
4	−1	0	−1	6.1
5	1	0	1	10.3
6	0	1	1	9.9
7	−1	0	1	6.9
8	1	1	0	10.9
9	1	−1	0	9.3
10	0	0	0	9.5
11	−1	1	0	8.1
12	0	−1	1	7.8
13	0	0	0	9.3
14	0	0	0	9.4
15	1	0	−1	9.3
16	0	−1	−1	6.5
17	0	0	0	9.2

第十四章
数据处理软件的应用

第一节　Excel 软件的使用

一、数据分析工具库的安装

Microsoft Excel 提供了许多非常实用的数据分析工具，很多数据分析都需要使用"分析工具库"中的分析工具，下面以 MS Excel 2016 为例，讲述分析工具库的安装。

打开 Excel，点击文件→选项→加载项→转到表格加载项→分析工具库前面打钩→确定后返回即可。安装完成后，在数据选项卡中就会找到数据分析功能。

二、分析工具库在方差齐性检验中的应用

【例 14.1】　下面以例 5.5 为例说明利用"分析工具库"来进行单因素试验的方差分析。

解：①在 Excel 中将待检验数据制成表格（表 14.1）。

表 14.1　两种载体数据统计表

Ⅰ型载体	123	133	108	107	113	150	97	73	93	117	86	112
Ⅱ型载体	61	106	91	73	95	120	83					

② 在【数据】菜单下选择【数据分析】子菜单，选中"F-检验双样本方差"工具，即可弹出"F-检验双样本方差"对话框，如图 14.1 所示。

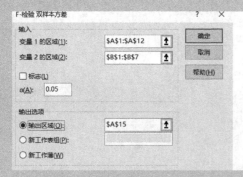

图 14.1　"F-检验双样本方差"对话框

③ 按图 14.1 所示的内容填写对话框，分别选择输入变量 1 或 2 的区域。

标志：如果输入区域的第一行（或列）中包含标志项，则选中此复选框。

"a"：在此输入 F 检验临界值的置信度，默认值为 0.05。

输出区域：根据实际情况选择输出区域，数据简单时可以选择当前工作表的某一单元格。

按要求填完 F 检验对话框之后，单击"确定"按钮，即可得到方差分析的结果，如图 14.1 所示。

在输出结果中，一般为左侧检验，如果 $F>$ "F 单尾临界"或者"$P>\alpha$"，就可认为两组数据的方差没有显著差异。

三、Excel 在 t 检验中应用

利用 Excel 进行平均值 t 检验，包括双样本等方差平均值检验、双样本异方差平均值检验和成对平均值检验。下面主要介绍第二种情况。

【例 14.2】 已经验证下列两组数据（表 14.2）方差不具有齐性，应用 Excel 进行 t 检验计算。

表 14.2　青年老年数据统计表

| 青年 | 2.55 | 2.01 | 1.97 | 1.92 | 1.87 | 1.83 | 1.78 | 1.72 | 1.54 | 1.22 |
| 老年 | 4.66 | 3.79 | 3.17 | 2.81 | 2.61 | 2.59 | 2.41 | 2.36 | 2.22 | 2.02 |

在【数据】菜单下选择【数据分析】子菜单，然后选中"t-检验：双样本异方差假设"，进入"t-检验：双样本异方差假设"对话框，并填写对话框，分析结果见表 14.3。由表可知，两组数据存在显著差异。成对平均值的 t 检验操作跟此种操作基本相同，在此不做详细介绍。

表 14.3　双样本异方差平均值 t 检验

t-检验：双样本异方差假设		
	青年	老年
平均	1.841	2.864
方差	0.116632	0.656271
观测值	10	10
假设平均差	0	
df	12	
t Stat	-3.67971	
$P(T \leqslant t)$ 单尾	0.001575	
t 单尾临界	1.782288	
$P(T \leqslant t)$ 双尾	0.003151	
t 双尾临界	2.178813	

第二节　SPSS 软件的数据处理

SPSS 是世界上著名的三大统计分析软件之一，在社会科学与自然科学的多个领域都发挥了巨大作用。下面主要以 SPSS Statistics 17.0 为例，来讲述其在生物与化学领域的应用。

一、SPSS 的启动

SPSS 启动后，进入的第一个窗口是数据编辑窗口，其中"变量视图"可以进行变量的定义和编辑。变量类型有 3 种：数值型、字符型和日期型。数值型变量又可以分为标准型、科学计数型、逗号型等类型，系统默认为标准型。字符型变量不能参与运算，同一字母的大、小写也会被认为是两个不同的字符。变量值标签可以说明变量所代表的实际意义。编辑完毕后，点击"数据视图"可以进行数据的录入。

二、两因素方差分析

【例 14.3】　用 SPSS 处理蒸馏水 pH 值和硫酸铜溶液浓度对化验血清中白蛋白与球蛋白之比影响的数据（见表 14.4）。

表 14.4　蒸馏水 pH 值和硫酸铜溶液浓度对蛋白质比例的影响

项目		pH 值			
		1	2	3	4
溶液浓度	1	3.7	2.5	1.9	1.3
	2	2.4	2.1	1.6	0.7
	3	2.1	1.8	1.1	0.3

定义"白蛋白与球蛋白之比"变量为 x（数值型），定义"蒸馏水 pH 值"变量为 A（数值型）、"硫酸铜溶液浓度"变量为 B（数值型）；$A=1$、2、3、4 分别表示 pH 值的四个水平，$B=1$、2、3 分别表示硫酸铜溶液的三种浓度。

SPSS 的变量视图及 SPSS 的数据视图见图 14.2、图 14.3。

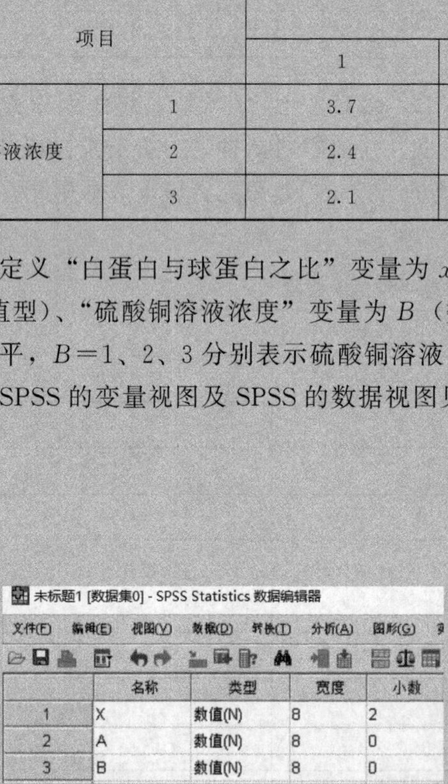

图 14.2　SPSS 的变量视图

图 14.3　SPSS 的数据视图（部分）

分析过程：选择分析→一般线性模型→单变量，打开单变量主对话框，从左侧的变量

列表中选择 x，单击▶按钮使之进入因变量，再选定变量 A 与 B 分别进入固定因子，点击模型，选主效应，将 A、B 选中转入。点击确定，就会得到分析结果（表14.5）。

表14.5　无重复两因素方差分析的结果

因变量：x

源	Ⅲ型平方和	df	均方	F	Sig.
校正模型	8.514[a]	5	1.703	27.245	0.000
截距	38.521	1	38.521	616.333	0.000
A	6.362	3	2.121	33.933	0.000
B	2.152	2	1.076	17.213	0.003
误差	0.375	6	0.063		
总计	47.410	12			
校正的总计	8.889	11			

a. R 方 $=.958$（调整 R 方 $=.923$）

三、正交试验设计与方差分析

【例14.4】　为了研究苯酚合成的工艺条件，利用正交试验研究反应温度、反应时间、压力、催化剂和加碱量对苯酚收率的影响，具体试验设计见表14.6。试用 SPSS 进行数据分析。

表14.6　苯酚合成试验设计

项目	反应温度/℃ (a)	反应时间/min (b)	压力/atm (c)	催化剂 (d)	加碱量/L (e)
1	300	20	200	甲	80
2	320	30	300	乙	100

SPSS 试验设计过程：按数据→正交设计→生成，展开生成正交设计对话框，在因子名称框中依次输入 a、b、…，按添加按钮，单击"a"，点定义值按钮，如图14.4所示。

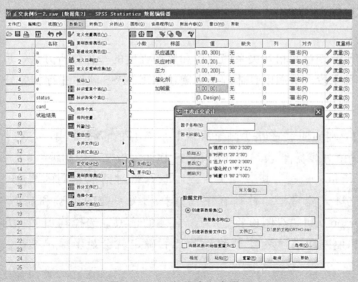

图14.4　正交试验生成图示

在值和标签框中依次输入水平值与标签，按继续按钮返回，直至把所有的值定义完毕，输入数据及名称后点确定，返回变量视图和数据视图，依次根据设定输入响应值。

正交试验分析结果输出方法：①点击分析→一般线性模型→单变量，在对话框将试验结果移入因变量框中，选中反应温度等指标并将其移入固定因子框中。②点击模型按钮，点击设定，在构建项类型的下拉菜单中，选择主效应。选中因子与协变量框中所有因素，按箭头按钮，移入模型框中。如果考虑交互作用，需要同时选中两个因素，然后同时移入模型框中。③将下面在模型中包含截距前面的钩去掉。④点击继续按钮，返回单变量对话框。⑤点击确定按钮后，会弹出输出窗口，从中可见方差分析结果（见表14.7）。

表 14.7 正交试验方差分析表

因变量：试验结果

源	Ⅲ型平方和	df	均方	F	Sig
模型	61043.115[a]	6	10173.852	36013.637	0.000
a	67.280	1	67.280	238.159	0.004
b	27.380	1	27.380	96.920	0.010
c	2.000	1	2.000	7.080	0.117
d	1.805	1	1.805	6.389	0.127
e	9.245	1	9.245	32.726	0.029
误差	0.565	2	0.282		
总计	61043.680	8			

a. R 方 = 1.000（调整 R 方 = 1.000）

四、相关分析与回归分析

相关分析是研究变量间相互关系的性质和紧密程度的一种分析方法，也是对相关关系进行定量描述的一种手段。下面以具体例子来阐述利用 SPSS 软件进行相关分析与回归分析的步骤与方法。

【例 14.5】 利用四氧嘧啶法测定谷胱甘肽含量的标准曲线，谷胱甘肽浓度与其在 305nm 处的吸光值列表见图 14.5，利用 SPSS 软件分析二者的相关系数。

如图 14.5 所示，点击分析→相关→双变量，将对话框左侧的浓度、吸光值选中点击▶按钮，使之进入变量框。然后在下面选择相关系数的类型和显著性检验的方式，在此选择"Pearson"和"双侧检验"。点开右侧的选项，选择均值和标准差，如果需要可以选择"叉积偏差和协方差"，点继续，然后确定就会显示输出结果。结果显示相关系数为 0.996。

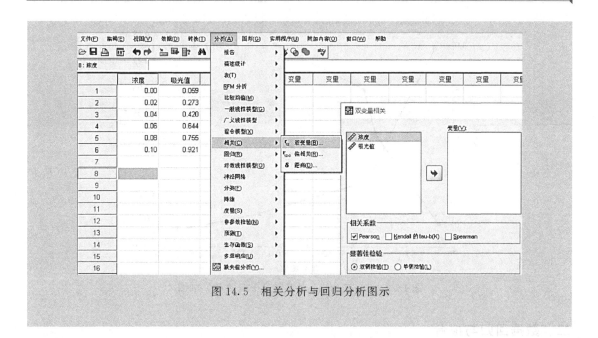

图 14.5　相关分析与回归分析图示

第三节　Origin 在图形绘制中的应用

Origin 是 1991 年由 Origin lab 公司开发的数据分析软件。它解决了 Excel 不能进行 Gaussian 等函数拟合，没有积分、微分等计算功能等问题，它还可以对图形进行平滑、拟合、过滤等操作，是一款操作简单、功能强大的软件。

一、双 Y 轴图

如果两个因变量数列具有相同的自变量数列，则使用双 Y 轴图比较合适，下面通过 Origin 8.5 来介绍 Origin 在双 Y 轴图绘制中的应用，其基本步骤如下。

1. 工作表的建立

打开 Origin 8.5，一个空白数据表会自动生成，将试验数据粘贴或者输入工作表。设置每列名称和单位，随后选中列右键设置"properties"，将"Options"中的"Plot Designation"，根据实际情况设置为 x 或者 y，此处有两列设为了 y 列。

2. 图形的绘制

选中步骤 1 数据表中的数据，点击【Plot】菜单，选择 Multi-curve 菜单下的 Double-Y，即可生成双 Y 轴图（图 14.6）。

3. 图形编辑

点击坐标轴标签可以进行编辑并设置坐标轴标签的字体和字号，双击坐标轴可以设置坐标轴的刻度范围、刻度间隔和格式等内容。双击数据线或由快捷菜单进入"Plot Details"对话框，在此处可设置数据点与数据线的格式等。也可以点击左侧的 T，进行标注等信息的输入。

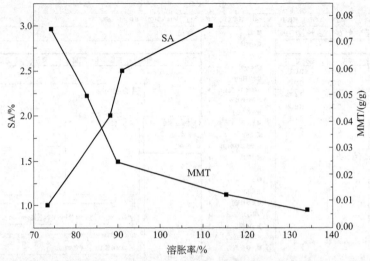

图 14.6　SA 与 MMT 对溶胀度影响的双 Y 轴图

二、数据回归与拟合

数据回归与拟合是对近似于直线的数据曲线进行线性拟合。先在 Workbook 中输入数据，选中需要进行拟合的数据，选择菜单命令 Analysis→Fitting→Linear Fitting。拟合后 Origin 生成一个拟合数据文件 Fit Linear1，在文件中会绘出拟合直线，并显示确定系数、方差分析表等信息。在此不过多阐述，主要讲述曲线回归拟合方法。

利用线性拟合误差较大的数据曲线，可考虑采用多项式回归拟合或者非线性回归分析。

【例 14.6】　下面以光催化剂对罗丹明 B 降解试验中时间对降解率的影响曲线为例，介绍利用 Origin 软件进行曲线回归拟合方法。

将时间数据输入 A 列，设定为 x；降解率输入 B 列，设定为 y。选中两列数据，打开菜单 Analysis→Fitting→Nonlinear Fitting，弹出非线性拟合对话框（图 14.7），在

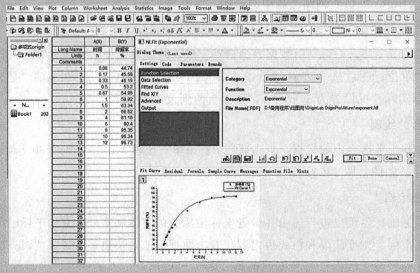

图 14.7　非线性拟合对话框

"Function Selection" 选择合适的方程类型，此处 "Category" 选择 "Exponential"，"Function" 也选择 "Exponential"。选择数据范围后，点击 Fit 会跳转到报告页。

根据报告（图 14.8）可以得出回归方程为：$y = 99.282 - 55.814e^{-0.295x}$，"Adj. R-Square" 为 0.99495，方差差异极显著，拟合成功。其他类型曲线拟合方法类似于上述方法，可根据实际情况进行调整。

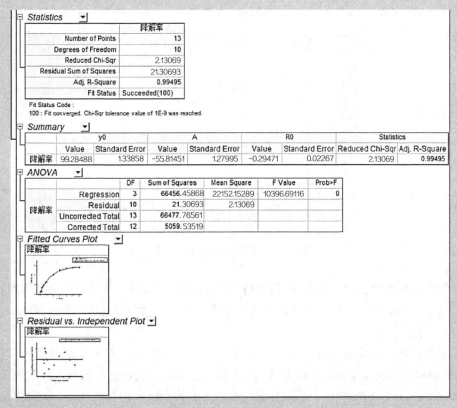

图 14.8　曲线拟合情况报告

三、三维图的绘制

当采用矩阵结构存放数据时，可以在 Origin 中绘制三维表面图和等高线图，下面通过一个具体实例来说明三维图的绘制方法。

【例 14.7】　在研究海藻酸钠与壳聚糖复合微球对菌的装载能力试验中，得到如下回归方程：$Z = -405.40 + 233.10x + 344.15y - 11.05xy - 57.19x^2 - 104.74y^2$，请利用 Origin 绘制该三维表面图和等高线图。

解：①打开 Origin 8.5 软件，在标准工具栏中点击新建矩阵按钮，创建一个空矩阵。在菜单【Matrix】的下拉菜单【Set Dimensions/labels】对话框，设置列数（colunms）与行数（rows），多数情况下使用默认值 32，此处没有修改；在 "XY Mapping" 下设置 X 和 Y 的取值范围，在本例中：x 的取值范围为 1.5～2.5；y 的取值范围为 1.2～2，点击"OK"返回。这时可在菜单【View】下点击【Show X/Y】，查看矩阵的设置情况。

② 生成矩阵数据。点击菜单【Matrix】→【Set Values】，打开"Set Values"对话框，在"Cell(i,j)＝"文本框中输入试验指标（Z）与两个因素（x，y）之间的函数关系式："$-405.40+233.10x+344.15y-11.05xy-57.19x^2-104.74y^2$"，点击"OK"之后，矩阵单元格的数据就自动生成了，如图14.9所示。

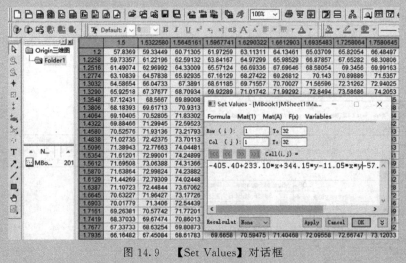

图14.9　【Set Values】对话框

③ 制作三维表面图。点击菜单【Plot】下的【3DSurface】，如果只绘制三维图可以点击【Color Fill Surface】，如果要制备彩色三维图需要点击【Multiple ColorMap Surface】，即可得到三维彩色表面图。

④ 如果打算将三维表面图和等高线图合并入同一张图中，则可在绘出三维彩色表面图后，右键点击进入【Plot Details】对话框，点击"Surface/Projections"标签，将"Bottom Coutour"两个选项打钩，就可得到如图14.10所示的合成图形，在此图中等高线图也显示出来了。

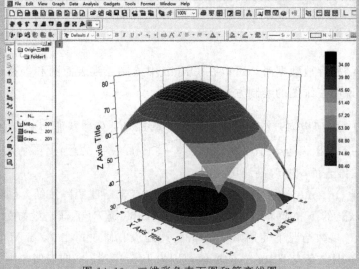

图14.10　三维彩色表面图和等高线图

 习 题

假设 y 与 x_1、x_2 之间存在如下函数关系 $y = 18 + 3.0x_1 + 0.5x_2 - 3.5x_1^2 - 0.9x_2^2 + 0.5x_1x_2$，设置 x_1、x_2 的取值范围为 $[-1, 1]$。试绘出 y 与 x_1、x_2 之间的三维表面图和等高线图。

附　录

附录1　正态分布表

$$\varphi(u) = \frac{1}{\sqrt{2\pi}} \int_{-\infty}^{u} e^{-\frac{v^2}{2}} dv \, (u \leqslant 0)$$

u	0.00	0.01	0.02	0.03	0.04
−0.0	0.50000	0.49601	0.49202	0.48803	0.48405
−0.1	0.46016	0.45621	0.45224	0.44828	0.44433
−0.2	0.42074	0.41683	0.41293	0.40905	0.40517
−0.3	0.38209	0.37828	0.37449	0.37070	0.36693
−0.4	0.34458	0.34090	0.33724	0.33360	0.32997
−0.5	0.30854	0.30503	0.30153	0.29806	0.29460
−0.6	0.27425	0.27093	0.26763	0.26435	0.26109
−0.7	0.24197	0.23885	0.23576	0.23270	0.22965
−0.8	0.21186	0.20897	0.20611	0.20327	0.20046
−0.9	0.18406	0.18141	0.17879	0.17619	0.17361
−1.0	0.15866	0.15625	0.15387	0.15151	0.14917
−1.1	0.13567	0.13350	0.13136	0.12924	0.12715
−1.2	0.11507	0.11314	0.11123	0.10935	0.10749
−1.3	0.09680	0.09510	0.09342	0.09176	0.09012
−1.4	0.08076	0.07927	0.07780	0.07636	0.07493
−1.5	0.06681	0.06552	0.06426	0.06301	0.06178
−1.6	0.05480	0.05370	0.05262	0.05155	0.05050
−1.7	0.04457	0.04363	0.04272	0.04182	0.04093
−1.8	0.03593	0.03515	0.03438	0.03362	0.03288
−1.9	0.02872	0.02807	0.02743	0.02680	0.02619
−2.0	0.02275	0.02222	0.02169	0.02118	0.02068

u	0.00	0.01	0.02	0.03	0.04
−2.1	0.01786	0.01743	0.01700	0.01659	0.01618
−2.2	0.01390	0.01355	0.01321	0.01287	0.01255
−2.3	0.01072	0.01044	0.01017	0.00990	0.00964
−2.4	0.00820	0.00798	0.00776	0.00755	0.00734
−2.5	0.00621	0.00604	0.00587	0.00570	0.00554
−2.6	0.00466	0.00453	0.00440	0.00427	0.00415
−2.7	0.00347	0.00336	0.00326	0.00317	0.00307
−2.8	0.00256	0.00248	0.00240	0.00233	0.00226
−2.9	0.00187	0.00181	0.00175	0.00169	0.00164
0.0	0.50000	0.50390	0.50798	0.51197	0.51595
0.1	0.53983	0.54379	0.54776	0.55172	0.55567
0.2	0.57926	0.58317	0.58706	0.59095	0.59483
0.3	0.61791	0.62172	0.62551	0.62930	0.63307
0.4	0.65542	0.65910	0.66276	0.66640	0.67003
0.5	0.69146	0.69497	0.69847	0.70194	0.70540
0.6	0.72575	0.72907	0.73237	0.73565	0.73891
0.7	0.75803	0.76115	0.76424	0.76730	0.77035
0.8	0.78814	0.79103	0.79389	0.79673	0.79954
0.9	0.81594	0.81850	0.82121	0.82381	0.82639
1.0	0.84134	0.84375	0.84613	0.84849	0.85083
1.1	0.86433	0.86650	0.86864	0.87076	0.87285
1.2	0.88493	0.88686	0.88877	0.89065	0.89251
1.3	0.90320	0.90490	0.90658	0.90824	0.90988
1.4	0.91924	0.92073	0.92219	0.92364	0.92506
1.5	0.93319	0.93448	0.93574	0.93699	0.93822
1.6	0.94520	0.94630	0.94738	0.94845	0.94950
1.7	0.95543	0.95637	0.95728	0.95818	0.95907
1.8	0.96407	0.96485	0.96563	0.96637	0.96711
1.9	0.97128	097193	0.97257	0.97320	0.97381
2.0	0.97725	0.97778	0.97831	0.97882	0.97932
2.1	0.98214	0.98257	0.98300	0.98341	0.98382
2.2	0.98610	0.98645	0.98679	0.98713	0.98745
2.3	0.98928	0.98956	0.98983	0.99010	0.99036
2.4	0.99180	0.99202	0.99224	0.99245	0.99266
2.5	0.99379	0.99396	0.99413	0.99430	0.99446
2.6	0.99534	0.99547	0.99560	0.99573	0.99585

u	0.00	0.01	0.02	0.03	0.04
2.7	0.99653	0.99664	0.99674	0.99683	0.99693
2.8	0.99744	0.99752	0.99760	0.99767	0.99774
2.9	0.99813	0.99819	0.99825	0.99831	0.99836

u	0.05	0.06	0.07	0.08	0.09
−0.0	0.48006	0.47608	0.47210	0.46812	0.46414
−0.1	0.44038	0.43644	0.43251	0.42858	0.42466
−0.2	0.040129	0.39743	0.39358	0.38974	0.38591
−0.3	0.36317	0.35942	0.35569	0.35197	0.34827
−0.4	0.32636	0.32276	0.31918	0.31562	0.31207
−0.5	0.29116	0.28774	0.28434	0.28096	0.27760
−0.6	0.25785	0.25463	0.25143	0.24825	0.24510
−0.7	0.22663	0.22363	0.22065	0.21770	0.21477
−0.8	0.19766	0.19490	0.19215	0.18943	0.18673
−0.9	0.17106	0.16853	0.16603	0.16354	0.16109
−1.0	0.14686	0.14457	0.14231	0.14007	0.13786
−1.1	0.12507	0.12303	0.12100	0.11900	0.11703
−1.2	0.10565	0.10384	0.10204	0.10027	0.09853
−1.3	0.08851	0.08691	0.08534	0.08379	0.08226
−1.4	0.07353	0.07215	0.07078	0.06944	0.06811
−1.5	0.06057	0.05938	0.05821	0.05705	0.05592
−1.6	0.04947	0.04846	0.04746	0.04648	0.04551
−1.7	0.04006	0.03920	0.03836	0.03754	0.03673
−1.8	0.03216	0.03144	0.03074	0.03005	0.02938
−1.9	0.02559	0.02500	0.02442	0.02385	0.02330
−2.0	0.02018	0.01970	0.01923	0.01876	0.01831
−2.1	0.01578	0.01539	0.01500	0.01463	0.01426
−2.2	0.01222	0.01191	0.01160	0.01130	0.01101
−2.3	0.00939	0.00914	0.00889	0.00866	0.00842
−2.4	0.00724	0.00695	0.00676	0.00657	0.00639
−2.5	0.00539	0.00523	0.00509	0.00494	0.00480
−2.6	0.00402	0.00391	0.00379	0.00368	0.00357
−2.7	0.00298	0.00289	0.00280	0.00271	0.00264
−2.8	0.00219	0.00212	0.00205	0.00199	0.00193
−2.9	0.00159	0.00154	0.00149	0.00144	0.00139
0.0	0.51994	0.52392	0.52790	0.53188	0.53586
0.1	0.55962	0.56356	0.56749	0.57142	0.57534

u	0.05	0.06	0.07	0.08	0.09
0.2	0.59871	0.60257	0.60642	0.61026	0.61409
0.3	0.63683	0.64058	0.64431	0.64803	0.65173
0.4	0.67364	0.67724	0.68082	0.68438	0.68793
0.5	0.70884	0.71226	0.71566	0.71904	0.72240
0.6	0.74215	0.74537	0.74857	0.75175	0.75490
0.7	0.77337	0.77637	0.77935	0.78230	0.78523
0.8	0.80234	0.80510	0.80785	0.81057	0.81327
0.9	0.82894	0.83147	0.83397	0.83646	0.83891
1.0	0.85314	0.85543	0.85769	0.85993	0.96214
1.1	0.87493	0.87697	0.87900	0.88100	0.88297
1.2	0.89435	0.89616	0.89796	0.89973	0.90147
1.3	0.91149	0.91308	0.91465	0.91621	0.91773
1.4	0.92647	0.92785	0.92922	0.93056	0.93189
1.5	0.93943	0.94062	0.94179	0.94295	0.94408
1.6	0.95053	0.95154	0.95254	0.95352	0.95448
1.7	0.95994	0.96080	0.96164	0.96246	0.96327
1.8	0.96784	0.96856	0.96926	0.96995	0.97062
1.9	0.97441	0.97500	0.97558	0.97615	0.97670
2.0	0.97982	0.98030	0.98077	0.98124	0.98169
2.1	0.98422	0.98461	0.98500	0.98537	0.98574
2.2	0.98778	0.98809	0.98840	0.98870	0.98899
2.3	0.99061	0.99086	0.99111	0.99134	0.99158
2.4	0.99286	0.99305	0.99324	0.99343	0.99361
2.5	0.99461	0.99477	0.99492	0.99506	0.99520
2.6	0.99598	0.99609	0.99621	0.99632	0.99643
2.7	0.99702	0.99711	0.99720	0.99728	0.99736
2.8	0.99781	0.99788	0.99795	0.99801	0.99807
2.9	0.99841	0.99846	0.99851	0.99856	0.99861

附录 2　t 分布的临界值表

df	α（单侧）								
	0.25	0.2	0.15	0.1	0.05	0.025	0.01	0.005	0.0005
1	1.000	1.376	1.963	3.078	6.314	12.706	31.821	63.657	636.619
2	0.816	1.061	1.386	1.886	2.920	4.303	6.965	9.925	31.598

df	α（单侧）								
	0.25	0.2	0.15	0.1	0.05	0.025	0.01	0.005	0.0005
3	0.765	0.978	1.250	1.638	2.353	3.182	4.541	5.841	12.924
4	0.741	0.941	1.190	1.533	2.132	2.776	3.747	4.604	8.610
5	0.727	0.920	1.156	1.476	2.015	2.571	3.365	4.032	6.859
6	0.718	0.906	1.134	1.440	1.943	2.447	3.143	3.707	5.959
7	0.711	0.896	1.119	1.415	1.895	2.365	2.998	3.499	5.405
8	0.706	0.889	1.108	1.397	1.860	2.306	2.896	3.355	5.041
9	0.703	0.883	1.100	1.383	1.833	2.262	2.821	3.250	4.781
10	0.700	0.879	1.093	1.372	1.812	2.228	2.764	3.169	4.587
11	0.697	0.876	1.088	1.363	1.796	2.201	2.718	3.106	4.437
12	0.695	0.873	1.083	1.356	1.782	2.179	2.681	3.055	4.318
13	0.694	0.870	1.079	1.350	1.771	2.160	2.650	3.012	4.221
14	0.692	0.868	1.076	1.345	1.761	2.145	2.624	2.977	4.140
15	0.691	0.866	1.074	1.341	1.753	2.131	2.602	2.947	4.073
16	0.690	0.865	1.071	1.337	1.746	2.120	2.583	2.921	4.015
17	0.689	0.863	1.069	1.333	1.740	2.110	2.567	2.898	3.965
18	0.688	0.862	1.067	1.330	1.734	2.101	2.552	2.878	3.922
19	0.688	0.861	1.066	1.328	1.729	2.093	2.539	2.861	3.883
20	0.687	0.860	1.064	1.325	1.725	2.086	2.528	2.845	3.850
21	0.686	0.859	1.063	1.323	1.721	2.080	2.518	2.831	3.819
22	0.686	0.858	1.061	1.321	1.717	2.074	2.508	2.819	3.792
23	0.685	0.858	1.060	1.319	1.714	2.069	2.500	2.807	3.767
24	0.685	0.857	1.059	1.318	1.711	2.064	2.492	2.797	3.745
25	0.684	0.856	1.058	1.316	1.708	2.060	2.485	2.787	3.725
26	0.684	0.856	1.058	1.315	1.706	2.056	2.479	2.779	3.707
27	0.684	0.855	1.057	1.314	1.703	2.052	2.473	2.771	3.690
28	0.683	0.855	1.056	1.313	1.701	2.048	2.467	2.763	3.674
29	0.683	0.854	1.055	1.311	1.699	2.045	2.462	2.756	3.659
30	0.683	0.854	1.055	1.310	1.697	2.042	2.457	2.750	3.646
40	0.681	0.851	1.050	1.303	1.684	2.021	2.423	2.704	3.551
60	0.679	0.848	1.046	1.296	1.671	2.000	2.390	2.660	3.460
120	0.677	0.845	1.041	1.289	1.658	1.980	2.358	2.617	3.373
∞	0.674	0.842	1.036	1.282	1.645	1.960	2.326	2.576	3.291
	0.5	0.4	0.3	0.2	0.1	0.05	0.02	0.01	0.001
df	α（双侧）								

附录3 χ^2分布的上侧临界值（χ_α^2）表

$$P(\chi_{df}^2 > \chi_\alpha^2) = \alpha$$

df	α					
	0.995	0.99	0.975	0.95	0.90	0.75
1	—	—	0.001	0.004	0.016	0.102
2	0.010	0.020	0.051	0.103	0.211	0.575
3	0.072	0.115	0.216	0.352	0.584	1.213
4	0.207	0.297	0.484	0.711	1.064	1.923
5	0.412	0.554	0.831	1.145	1.610	2.675
6	0.676	0.872	1.237	1.635	2.204	3.455
7	0.989	1.239	1.690	2.167	2.833	4.255
8	1.344	1.646	2.180	2.733	3.490	5.071
9	1.735	2.088	2.700	3.325	4.168	5.899
10	2.156	2.558	3.247	3.940	4.865	6.737
11	2.603	3.053	3.816	4.575	5.578	7.584
12	3.074	3.571	4.404	5.226	6.304	8.438
13	3.565	4.107	5.009	5.892	7.042	9.299
14	4.075	4.660	5.629	6.571	7.790	10.165
15	4.601	5.229	6.262	7.261	8.547	11.037
16	5.142	5.812	6.908	7.962	9.312	11.912
17	5.697	6.408	7.564	8.672	10.085	12.792
18	6.265	7.015	8.231	9.390	10.865	13.675
19	6.844	7.633	8.907	10.117	11.651	14.562
20	7.434	8.620	9.591	10.851	12.443	15.452
21	8.034	8.897	10.283	11.591	13.240	16.344
22	8.643	9.542	10.982	12.338	14.042	17.240
23	9.260	10.196	11.689	13.091	14.848	18.137
24	9.886	10.856	12.401	13.848	15.659	19.037
25	10.520	11.524	13.120	14.611	16.437	19.939
26	11.160	12.198	13.844	15.379	17.292	20.843
27	11.808	12.879	14.573	16.151	18.114	21.749
28	12.461	13.565	15.308	16.928	18.939	22.657

续表

df	α					
	0.995	0.99	0.975	0.95	0.90	0.75
29	13.121	14.257	16.047	17.708	19.768	23.567
30	13.787	14.954	16.791	18.493	20.599	24.478
31	14.458	15.655	17.539	19.281	21.434	25.390
32	15.134	16.362	18.291	20.072	22.271	26.304
33	15.815	17.074	19.047	20.867	23.110	27.219
34	16.501	17.789	19.806	21.664	23.952	28.136
35	17.192	18.509	20.569	22.456	24.797	29.054
36	17.887	19.233	21.336	23.269	25.643	29.973
37	18.586	19.960	22.106	24.075	26.492	30.893
38	19.289	20.691	22.878	24.884	27.343	31.815
39	19.996	21.426	23.654	25.695	28.196	32.737
40	20.707	22.164	24.433	26.509	29.051	33.660
41	21.421	22.906	25.215	27.326	29.907	34.585
42	22.138	23.650	25.999	28.144	30.765	35.510
43	22.859	24.398	26.785	28.965	31.625	36.436
44	23.584	25.148	27.575	29.787	32.478	37.363
45	24.311	25.901	28.366	30.612	33.350	38.291

df	α					
	0.25	0.10	0.05	0.025	0.01	0.005
1	1.323	2.706	3.841	5.024	6.635	7.879
2	2.773	4.605	5.991	7.378	9.210	10.597
3	4.108	6.251	7.815	9.348	11.345	12.838
4	5.385	7.779	9.488	11.143	13.277	14.860
5	6.626	9.236	11.071	12.833	15.086	16.750
6	7.841	10.645	12.592	14.449	16.812	18.548
7	9.037	12.017	14.067	16.013	18.475	20.278
8	10.219	13.326	15.507	17.535	20.090	21.955
9	11.389	14.684	16.919	19.023	21.666	23.589
10	12.549	15.987	18.307	20.483	23.209	25.188
11	13.701	17.275	19.675	21.920	24.725	26.757
12	14.845	18.549	21.026	23.337	26.217	28.299
13	15.984	19.812	22.362	24.736	27.688	29.819

df	α					
	0.25	0.10	0.05	0.025	0.01	0.005
14	17.117	21.064	23.685	26.119	29.141	31.319
15	18.245	22.307	24.996	27.488	30.578	32.801
16	19.369	23.542	26.296	28.845	32.000	34.267
17	20.489	24.769	27.587	30.191	33.409	35.718
18	21.605	25.989	28.869	31.526	34.805	37.156
19	22.718	27.204	30.144	32.852	36.191	38.582
20	23.828	28.412	31.410	34.170	37.566	39.997
21	24.935	29.615	32.671	35.479	38.932	41.401
22	26.039	30.813	33.924	36.781	40.289	42.796
23	27.141	32.007	35.172	38.076	41.638	44.181
24	28.241	33.196	36.415	39.364	42.980	45.559
25	29.339	34.382	37.652	40.646	44.314	46.928
26	30.435	35.563	38.885	41.923	45.642	48.290
27	31.528	36.741	40.113	43.194	46.963	49.645
28	32.620	37.916	41.337	44.461	48.278	20.993
29	33.711	39.081	42.557	45.722	49.588	52.336
30	34.800	40.256	43.773	46.979	50.892	53.672
31	35.887	41.422	44.985	48.232	52.191	55.003
32	36.973	42.585	46.194	49.480	53.486	56.328
33	38.058	43.745	47.400	50.725	54.776	57.648
34	39.141	44.903	48.602	51.966	56.061	58.964
35	40.223	46.059	49.802	53.203	57.342	60.275
36	41.304	47.212	50.998	54.437	58.619	61.581
37	42.383	48.363	52.192	55.668	59.892	62.883
38	43.462	49.513	53.384	56.896	61.162	64.181
39	44.539	50.660	54.572	58.120	62.428	65.476
40	45.616	51.805	55.758	59.342	63.691	66.766
41	46.692	52.949	56.942	60.561	64.950	68.053
42	47.766	54.090	58.124	61.777	66.206	69.336
43	48.840	55.230	59.304	62.990	67.459	70.616
44	49.913	56.369	60.481	64.201	68.710	71.893
45	50.985	57.505	61.656	65.410	69.957	73.166

附录4 F检验的临界值（F_α）表

$$P(F > F_\alpha) = \alpha$$

分母自由度 df_2	α	分子自由度 df_1							
		1	2	3	4	5	6	7	8
1	0.005	16211	20000	21615	22500	23056	23437	23715	23925
	0.010	4052	4999	5403	5624	5763	5859	5928	5981
	0.025	648.8	799.5	864.2	899.6	921.8	937.1	948.2	956.7
	0.050	161.4	199.5	215.7	224.6	230.2	234.0	236.0	238.9
2	0.005	198.5	199.0	199.2	199.2	199.3	199.3	199.4	199.4
	0.010	98.50	99.00	99.17	99.25	99.30	99.33	99.36	99.37
	0.025	38.51	39.00	39.17	39.25	39.30	39.33	39.36	39.37
	0.050	18.51	19.00	19.16	19.25	19.30	19.33	19.35	19.37
3	0.005	55.55	49.80	47.47	46.19	45.39	44.84	44.43	44.13
	0.010	34.12	30.82	29.46	28.71	28.24	27.91	27.67	27.49
	0.025	17.44	16.04	15.44	15.10	14.88	14.73	14.62	14.54
	0.050	10.13	9.552	9.277	9.117	9.014	8.941	8.887	8.845
4	0.005	31.33	26.28	24.26	23.15	22.46	21.97	21.62	21.35
	0.010	21.20	18.00	16.69	15.98	15.52	15.21	14.98	14.80
	0.025	12.22	10.65	9.979	9.604	9.364	9.197	9.074	8.980
	0.050	7.709	6.944	6.591	6.388	6.256	6.163	6.094	6.041
5	0.005	22.78	18.31	16.53	15.56	14.94	14.51	14.20	13.96
	0.010	16.26	13.27	12.06	11.39	10.97	10.67	10.46	10.29
	0.025	10.01	8.434	7.764	7.388	7.146	6.978	6.853	6.757
	0.050	6.608	5.786	5.410	5.192	5.050	4.950	4.876	4.818
6	0.005	18.63	14.54	12.92	12.03	11.46	11.07	10.79	10.57
	0.010	13.75	10.92	9.780	9.148	8.746	8.466	8.260	8.102
	0.025	8.813	7.260	6.599	6.227	5.988	5.820	5.696	5.600
	0.050	5.987	5.143	4.757	4.534	4.387	4.284	4.207	4.147
7	0.005	16.24	12.40	10.88	10.05	9.522	9.155	8.885	8.678
	0.010	12.25	9.547	8.451	7.847	7.460	7.191	6.993	6.840
	0.025	8.073	6.542	5.890	5.523	5.285	5.119	4.995	4.899
	0.050	5.591	4.737	4.347	4.120	3.972	3.866	3.787	3.726
8	0.005	14.69	11.04	9.596	8.805	8.302	7.952	7.694	7.496
	0.010	11.26	8.649	7.591	7.006	6.632	6.371	6.178	6.029
	0.025	7.571	6.060	5.416	5.053	4.817	4.652	4.529	4.433
	0.050	5.318	4.459	4.066	3.838	3.688	3.581	3.500	3.438

分母自由度 df_2	α	分子自由度 df_1							
		1	2	3	4	5	6	7	8
9	0.005	13.81	10.11	8.717	7.956	7.471	7.134	6.885	6.693
	0.010	10.56	8.022	6.992	6.422	6.057	5.802	5.613	5.467
	0.025	7.209	5.715	5.078	4.718	4.484	4.320	4.197	4.102
	0.050	5.117	4.256	3.863	3.633	3.482	3.374	3.293	3.230
10	0.005	12.83	9.427	8.081	7.343	6.872	6.545	6.302	6.116
	0.010	10.04	7.559	6.552	5.994	5.636	5.386	5.200	5.057
	0.025	6.937	5.456	4.826	4.468	4.236	4.072	3.950	3.855
	0.050	4.965	4.103	3.708	3.478	3.326	3.217	3.136	3.072
12	0.005	11.75	8.510	7.226	6.521	6.071	5.757	5.524	5.345
	0.010	9.330	6.927	5.953	5.412	5.064	4.821	4.640	4.499
	0.025	6.554	3.096	4.474	4.121	3.891	3.728	3.606	3.512
	0.050	4.747	3.885	3.490	3.259	3.106	2.996	2.913	2.849
15	0.005	10.80	7.701	6.476	5.803	5.372	5.071	4.847	4.674
	0.010	8.683	6.359	5.417	4.893	4.556	4.318	4.142	4.004
	0.025	6.200	4.765	4.153	3.804	3.576	3.415	3.293	3.199
	0.050	4.543	3.682	3.287	3.056	2.901	2.790	2.707	2.641
20	0.005	9.944	6.986	5.818	5.174	4.762	4.472	4.257	4.090
	0.010	8.096	5.849	4.938	4.431	4.103	3.871	3.699	3.564
	0.025	5.872	4.461	3.859	3.515	3.289	3.128	3.007	2.913
	0.050	4.351	3.493	3.098	2.866	2.711	2.599	2.514	2.447
30	0.005	9.180	6.355	5.239	4.623	4.228	3.949	3.742	3.580
	0.010	7.562	5.390	4.510	4.018	3.699	3.474	3.304	3.173
	0.025	5.568	4.182	3.589	3.250	3.026	2.867	2.746	2.651
	0.050	4.171	3.316	2.922	2.690	2.534	2.420	2.334	2.266
60	0.005	8.495	5.795	4.729	4.140	3.760	3.492	3.291	3.134
	0.010	7.077	4.977	4.126	3.649	3.339	3.119	2.953	2.823
	0.025	5.286	3.925	3.342	3.008	2.786	2.627	2.507	2.412
	0.050	4.001	3.150	2.758	2.525	2.368	2.254	2.166	2.097
120	0.005	8.179	5.539	4.497	3.921	3.548	3.285	3.087	2.933
	0.010	6.851	4.786	3.949	3.480	3.174	2.956	2.792	2.663
	0.025	5.152	3.805	3.227	2.894	2.674	2.515	2.395	2.299
	0.050	3.920	3.072	2.680	2.447	2.290	2.175	2.087	2.016

分母自由度 df_2	α	分子自由度 df_1							
		9	10	12	15	20	30	60	120
1	0.005	24091	24224	24426	24630	24836	25044	25253	25359
	0.010	6022	6056	6106	6157	6209	6261	6313	6339
	0.025	963.3	968.6	976.7	984.9	993.1	1001	1010	1014
	0.050	240.5	241.9	243.9	245.9	248.0	250.1	252.2	253.3
2	0.005	199.4	199.4	199.4	199.4	199.4	199.5	199.5	199.5
	0.010	99.39	99.40	99.42	99.43	99.45	99.47	99.48	99.49
	0.025	39.39	39.40	39.41	39.43	39.45	39.46	39.48	39.49
	0.050	19.38	19.40	19.41	19.43	19.45	19.46	19.48	19.49
3	0.005	43.88	43.69	43.39	43.08	42.78	42.47	42.15	41.99
	0.010	27.35	27.23	27.05	26.87	26.69	26.50	26.32	26.22
	0.025	14.47	14.42	14.34	14.25	14.17	14.08	13.99	13.95
	0.050	8.812	8.786	8.745	8.703	8.660	8.617	8.572	8.549
4	0.005	21.14	20.97	20.70	20.44	20.17	19.89	19.61	19.47
	0.010	14.66	14.55	14.37	14.20	14.02	13.84	13.65	13.56
	0.025	8.905	8.844	8.751	8.656	8.560	8.461	8.360	8.309
	0.050	5.999	5.964	5.912	5.858	5.802	5.746	5.688	5.658
5	0.005	13.77	13.62	13.38	13.15	12.90	12.66	12.40	12.27
	0.010	10.16	10.05	9.888	9.722	9.553	9.379	9.202	9.112
	0.025	6.681	6.619	6.525	6.428	6.328	6.227	6.122	6.069
	0.050	4.772	4.735	4.678	4.619	4.558	4.496	4.431	4.398
6	0.005	10.25	10.13	10.03	9.814	9.589	9.358	9.122	9.002
	0.010	7.976	7.874	7.718	7.559	7.396	7.228	7.057	6.969
	0.025	5.523	5.461	5.366	5.269	5.168	5.065	4.959	4.904
	0.050	4.099	4.060	4.000	3.938	3.874	3.808	3.740	3.705
7	0.005	8.514	8.380	8.176	7.968	7.754	7.534	7.309	7.193
	0.010	6.719	6.620	6.469	6.314	6.155	5.992	5.824	5.737
	0.025	4.823	4.761	4.666	4.568	4.467	4.362	4.254	4.199
	0.050	3.677	3.636	3.575	3.511	3.444	3.376	3.304	3.267
8	0.005	7.339	7.211	7.015	6.814	6.608	6.396	6.177	6.065
	0.010	5.911	5.814	5.667	5.515	5.359	5.198	5.032	4.946
	0.025	4.357	4.295	4.200	4.101	4.000	3.894	3.784	3.728
	0.050	3.388	3.347	3.284	3.218	3.150	3.079	3.005	2.967

分母自由度 df_2	α	分子自由度 df_1							
		9	10	12	15	20	30	60	120
9	0.005	6.541	6.417	6.227	6.032	5.832	5.625	5.410	5.300
	0.010	5.351	5.256	5.111	4.962	4.808	4.649	4.483	4.398
	0.025	4.025	3.964	3.868	3.769	3.667	3.560	3.449	3.392
	0.050	3.179	3.173	3.073	3.006	2.936	2.864	2.787	2.748
10	0.005	5.968	5.847	5.661	5.471	5.274	5.070	4.859	4.750
	0.010	4.942	4.849	4.706	4.558	4.405	4.247	4.082	3.996
	0.025	3.779	3.717	3.621	3.522	3.419	3.311	3.198	3.140
	0.050	3.020	2.978	2.913	2.845	2.774	2.700	2.621	2.580
12	0.005	5.202	5.086	4.906	4.721	4.530	4.331	4.123	4.015
	0.010	4.388	4.296	4.155	4.010	3.858	3.701	3.536	3.449
	0.025	3.436	3.374	3.277	3.177	3.073	2.963	2.848	2.787
	0.050	2.796	2.753	2.687	2.617	2.544	2.466	2.384	2.341
15	0.005	4.536	4.424	4.250	4.070	3.883	3.687	3.480	3.372
	0.010	3.895	3.805	3.666	3.522	3.372	3.214	3.047	2.960
	0.025	3.123	3.060	2.963	2.862	2.756	2.644	2.524	2.461
	0.050	2.588	2.544	2.475	2.404	2.328	2.247	2.160	2.114
20	0.005	3.956	3.847	3.678	3.502	3.318	3.123	2.916	2.806
	0.010	3.457	3.368	3.231	3.088	2.938	2.778	2.608	2.517
	0.025	2.836	2.774	2.676	2.573	2.464	2.349	2.223	2.156
	0.050	2.393	2.348	2.278	2.203	2.124	2.039	1.946	1.896
30	0.005	3.450	3.344	3.179	3.006	2.823	2.628	2.415	2.300
	0.010	3.066	2.979	2.843	2.700	2.549	2.386	2.208	2.111
	0.025	2.575	2.511	2.412	2.307	2.195	2.074	1.940	1.866
	0.050	2.211	2.165	2.092	2.015	1.932	1.841	1.740	1.684
60	0.005	3.008	2.904	2.742	2.570	2.387	2.187	1.962	1.834
	0.010	2.718	2.632	2.496	2.352	2.198	2.028	1.836	1.726
	0.025	2.334	2.270	2.169	2.061	1.944	1.816	1.667	1.581
	0.050	2.040	1.993	1.917	1.836	1.748	1.649	1.534	1.467
120	0.005	2.808	2.705	2.544	2.373	2.188	1.984	1.747	1.606
	0.010	2.559	2.472	2.336	2.192	2.035	1.860	1.656	1.533
	0.025	2.222	2.157	2.055	1.945	1.825	1.690	1.530	1.433
	0.050	1.959	1.910	1.834	1.750	1.659	1.554	1.429	1.352

附录 5 多重比较中的 Duncan 表

$$r_{0.01(k,df)}$$

df	k											
	2	3	4	5	6	7	8	9	10	20	50	100
1	90.0	90.0	90.0	90.0	90.0	90.0	90.0	90.0	90.0	90.0	90.0	90.0
2	14.0	14.0	14.0	14.0	14.0	14.0	14.0	14.0	14.0	14.0	14.0	14.0
3	8.26	8.5	8.6	8.7	8.8	8.9	8.9	9.0	9.0	9.3	9.3	9.3
4	6.51	6.8	6.9	7.0	7.1	7.1	7.2	7.2	7.3	7.5	7.5	7.5
5	5.70	5.96	6.11	6.18	6.26	6.33	6.40	6.44	6.5	6.8	6.8	6.8
6	5.24	5.51	5.65	5.73	5.81	5.88	5.95	6.00	6.0	6.3	6.3	6.3
7	4.95	5.22	5.37	5.45	5.53	5.61	5.69	5.73	5.8	6.0	6.0	6.0
8	4.74	5.00	5.14	5.23	5.32	5.40	5.47	5.51	5.5	5.8	5.8	5.8
9	4.60	4.86	4.99	5.08	5.17	5.25	5.32	5.36	5.4	5.7	5.7	5.7
10	4.48	4.73	4.88	4.96	5.06	5.13	5.20	5.24	5.28	5.55	5.55	5.55
11	4.39	4.63	4.77	4.86	4.94	5.01	5.06	5.12	5.15	5.39	5.39	5.39
12	4.32	4.55	4.68	4.76	4.84	4.92	4.96	5.02	5.07	5.26	5.26	5.26
13	4.26	4.48	4.62	4.69	4.74	4.84	4.88	4.94	4.98	5.15	5.15	5.15
14	4.21	4.42	4.55	4.63	4.70	4.78	4.83	4.87	4.91	5.07	5.07	5.07
15	4.17	4.37	4.50	4.58	4.64	4.72	4.77	4.81	4.84	5.00	5.00	5.00
16	4.13	4.34	4.45	4.54	4.60	4.67	4.72	4.76	4.79	4.94	4.94	4.94
17	4.10	4.30	4.41	4.50	4.56	4.63	4.68	4.72	4.75	4.89	4.89	4.89
18	4.07	4.27	4.38	4.46	4.53	4.59	4.64	4.68	4.71	4.85	4.85	4.85
19	4.05	4.24	4.35	4.43	4.50	4.56	4.61	4.64	4.67	4.82	4.82	4.82
20	4.02	4.22	4.33	4.40	4.47	4.53	4.58	4.61	4.65	4.79	4.79	4.79
30	3.89	4.06	4.16	4.22	4.32	4.36	4.41	4.45	4.48	4.65	4.71	4.71
40	3.82	3.99	4.10	4.17	4.24	4.30	4.34	4.37	4.41	4.59	4.69	4.69
60	3.76	3.92	4.03	4.12	4.17	4.23	4.27	4.31	4.34	4.53	4.66	4.66
100	3.71	3.86	3.98	4.06	4.11	4.17	4.21	4.25	4.29	4.48	4.64	4.65
∞	3.64	3.80	3.90	3.98	4.04	4.09	4.14	4.17	4.20	4.41	4.60	4.68

$$r_{0.05(k,df)}$$

df	k											
	2	3	4	5	6	7	8	9	10	20	50	100
1	18.0	18.0	18.0	18.0	18.0	18.0	18.0	18.0	18.0	18.0	18.0	18.0

df	k											
	2	3	4	5	6	7	8	9	10	20	50	100
2	6.09	6.09	6.09	6.09	6.09	6.09	6.09	6.09	6.09	6.09	6.09	6.09
3	4.50	4.50	4.50	4.50	4.50	4.50	4.50	4.50	4.50	4.50	4.50	4.50
4	3.93	4.01	4.02	4.02	4.02	4.02	4.02	4.02	4.02	4.02	4.02	4.02
5	3.64	3.74	3.79	3.83	3.83	3.83	3.83	3.83	3.83	3.83	3.83	3.83
6	3.46	3.58	3.64	3.68	3.68	3.68	3.68	3.68	3.68	3.68	3.68	3.68
7	3.35	3.47	3.54	3.58	3.60	3.61	3.61	3.61	3.61	3.61	3.61	3.61
8	3.26	3.39	3.47	3.52	3.55	3.56	3.56	3.56	3.56	3.56	3.56	3.56
9	3.20	3.34	3.40	3.47	3.50	3.52	3.52	3.52	3.52	3.52	3.52	3.52
10	3.15	3.30	3.37	3.43	3.46	3.47	3.47	3.47	3.47	3.48	3.48	3.48
11	3.11	3.27	3.35	3.39	3.43	3.44	3.45	3.46	3.46	3.48	3.48	3.48
12	3.08	3.23	3.33	3.36	3.40	3.42	3.44	3.44	3.46	3.48	3.48	3.48
13	3.06	3.21	3.30	3.35	3.38	3.41	3.42	3.44	3.45	3.47	3.47	3.47
14	3.03	3.18	3.27	3.33	3.37	3.39	3.41	3.42	3.44	3.47	3.47	3.47
15	3.01	3.16	3.25	3.31	3.36	3.38	3.40	3.42	3.43	3.47	3.47	3.47
16	3.00	3.15	3.23	3.30	3.34	3.37	3.39	3.41	3.43	3.47	3.47	3.47
17	2.98	3.18	3.22	3.28	3.33	3.36	3.38	3.40	3.42	3.47	3.47	3.47
18	2.97	3.12	3.21	3.27	3.32	3.35	3.37	3.39	3.41	3.47	3.47	3.47
19	2.96	3.11	3.19	3.26	3.31	3.35	3.37	3.39	3.41	3.47	3.47	3.47
20	2.95	3.10	3.18	3.25	3.30	3.34	3.36	3.38	3.40	3.47	3.47	3.47
30	2.89	3.04	3.12	3.20	3.25	3.29	3.32	3.35	3.37	3.47	3.47	3.47
40	2.86	3.01	3.10	3.17	3.22	3.27	3.30	3.33	3.35	3.47	3.47	3.47
60	2.83	2.98	3.08	3.14	3.20	3.24	3.28	3.31	3.33	3.47	3.48	3.48
1000	2.80	2.95	3.05	3.12	3.18	3.22	3.26	3.29	3.32	3.47	3.53	3.53
∞	2.77	2.92	3.02	3.09	3.15	3.19	3.23	3.26	3.29	3.47	3.61	3.67

附录6 百分数的 $\sin^{-1}\sqrt{P}$ 变换

%	%									
	0	0.1	0.2	0.3	0.4	0.5	0.6	0.7	0.8	0.9
0	0	1.81	2.56	3.14	3.63	4.05	4.44	4.80	5.13	5.44
1	5.74	6.02	6.29	6.55	6.80	7.04	7.27	7.49	7.71	7.92
2	8.13	8.33	8.53	8.72	8.91	9.10	9.28	9.46	9.63	9.81

%	%									
	0	0.1	0.2	0.3	0.4	0.5	0.6	0.7	0.8	0.9
3	9.98	10.14	10.31	10.47	10.63	10.78	10.94	11.09	11.24	11.39
4	11.54	11.68	11.83	11.97	12.11	12.25	12.39	12.52	12.66	12.79
5	12.92	13.05	13.18	13.31	13.44	13.56	13.69	13.81	13.94	14.06
6	14.18	14.30	14.42	14.54	14.65	14.77	14.89	15.00	15.12	15.23
7	15.34	15.45	15.56	15.68	15.79	15.89	16.00	16.11	16.22	16.32
8	16.43	16.54	16.64	16.74	16.85	16.95	17.05	17.16	17.26	17.36
9	17.46	17.56	17.66	17.76	17.85	17.95	18.05	18.15	18.24	18.34
10	18.44	18.53	18.63	18.72	18.81	18.91	19.00	19.09	19.19	19.28
11	19.37	19.46	19.55	19.64	19.73	19.82	19.91	20.00	20.09	20.18
12	20.27	20.30	20.44	20.53	20.62	20.70	20.79	20.88	20.96	21.05
13	21.13	21.22	21.30	21.39	21.47	21.56	21.64	21.72	21.81	21.89
14	21.97	22.06	22.14	22.22	22.30	22.38	22.46	22.55	22.63	22.71
15	22.79	22.87	22.95	23.03	23.11	23.19	23.26	23.34	23.42	23.50
16	23.58	23.66	23.73	23.81	23.89	23.97	24.04	24.12	24.20	24.27
17	24.35	24.43	24.50	24.58	24.65	24.73	24.80	24.88	24.95	25.03
18	25.10	25.18	25.25	25.33	25.40	25.48	25.55	25.62	25.70	25.77
19	25.84	25.92	25.99	26.06	26.13	26.21	26.28	26.35	26.42	26.49
20	26.56	26.64	26.71	26.78	26.85	26.92	26.99	27.06	27.13	27.20
21	27.28	27.35	27.42	27.49	27.56	27.63	27.69	27.76	27.83	27.90
22	27.97	28.04	28.11	28.18	28.25	28.32	28.38	28.45	28.52	28.59
23	28.66	28.73	28.79	28.86	28.93	29.00	29.06	29.13	29.20	29.27
24	29.33	29.40	29.47	29.53	29.60	29.67	29.73	29.80	29.87	29.93
25	30.00	30.07	30.13	30.20	30.26	30.33	30.40	30.46	30.53	30.59
26	30.61	30.72	30.79	30.85	30.92	30.98	31.05	31.11	31.18	31.24
27	31.31	31.37	31.44	31.50	31.56	31.63	31.69	31.76	31.82	31.88
28	31.95	32.01	32.08	32.14	32.20	32.27	32.33	32.39	32.46	32.52
29	32.58	32.65	32.71	32.77	32.83	32.90	32.96	33.02	33.09	33.15
30	33.21	33.27	33.34	33.40	33.46	33.52	33.58	33.65	33.71	33.77
31	33.83	33.89	33.96	34.02	34.08	34.14	34.20	34.27	34.33	34.39
32	34.45	34.51	34.57	34.63	34.70	34.76	34.82	34.88	34.94	35.00
33	35.06	35.12	35.18	35.24	35.30	35.37	35.43	35.49	35.55	35.61
34	35.67	35.73	35.79	35.85	35.91	35.97	36.03	36.09	36.15	36.21
35	36.27	36.33	36.39	36.45	36.51	36.57	36.63	36.69	36.75	36.81

%	%									
	0	0.1	0.2	0.3	0.4	0.5	0.6	0.7	0.8	0.9
36	36.87	36.93	36.99	37.05	37.11	37.17	37.23	37.29	37.35	37.40
37	37.47	37.52	37.58	37.64	37.70	37.76	37.82	37.88	37.94	38.00
38	38.06	38.12	38.17	38.23	38.29	38.35	38.41	38.47	38.53	38.59
39	38.65	38.70	38.76	38.82	38.88	38.94	39.00	39.06	39.11	39.17
40	39.23	39.29	39.35	39.41	39.47	39.52	39.58	39.64	39.70	39.76
41	39.82	39.87	39.93	39.99	40.05	40.11	40.16	40.22	40.28	40.34
42	40.40	40.46	40.51	40.57	40.63	40.69	40.74	40.80	40.86	40.92
43	40.98	41.03	41.09	41.15	41.21	41.27	41.32	41.38	41.44	41.50
44	41.55	41.61	41.67	41.73	41.78	41.84	41.90	41.96	42.02	42.07
45	42.13	42.19	42.25	42.30	42.36	42.42	42.48	42.53	42.59	42.65
46	42.71	42.76	42.82	42.88	42.94	42.99	43.05	43.11	43.17	43.22
47	43.28	43.34	43.39	43.45	43.51	43.57	43.62	43.68	43.74	43.80
48	43.85	43.91	43.97	44.03	44.08	44.14	44.20	44.25	44.31	44.37
49	44.43	44.48	44.54	44.60	44.66	44.71	44.77	44.83	44.89	44.94
50	45.00	45.06	45.11	45.17	45.23	45.29	45.34	45.40	45.46	45.52
51	45.57	45.63	45.69	45.75	45.80	45.86	45.92	45.97	46.03	46.09
52	46.15	46.20	46.26	46.32	46.38	46.43	46.49	46.55	46.61	46.66
53	46.72	46.78	46.83	46.89	46.95	47.01	47.06	47.12	47.18	47.24
54	47.29	47.35	47.41	47.47	47.52	47.58	47.64	47.70	47.75	47.81
55	47.87	47.93	47.98	48.04	48.10	48.16	48.22	48.27	48.33	48.39
56	48.45	48.50	48.56	48.62	48.68	48.73	48.79	48.85	48.91	48.97
57	49.02	49.08	49.14	49.20	49.26	49.31	49.37	49.43	49.49	49.54
58	49.60	49.66	49.72	49.78	49.84	49.89	49.95	50.01	50.07	50.13
59	50.18	50.24	50.30	50.36	50.42	50.48	50.53	50.59	50.65	50.71
60	50.77	50.83	50.89	50.94	51.00	51.06	51.12	51.18	51.24	51.30
61	51.35	51.41	51.47	51.53	51.59	51.65	51.71	51.77	51.83	51.88
62	51.94	52.00	52.06	52.12	52.18	52.24	52.30	52.36	52.42	52.48
63	52.53	52.59	52.65	52.71	52.77	52.83	52.89	52.95	53.01	53.07
64	53.13	53.19	53.25	53.31	53.37	53.43	53.49	53.55	53.61	53.67
65	53.73	53.79	53.85	53.91	53.97	54.03	54.09	54.15	54.21	54.27
66	54.33	54.39	54.45	54.51	54.57	54.63	54.70	54.76	54.82	54.88
67	54.94	55.00	55.06	55.12	55.18	55.24	55.30	55.37	55.43	55.49
68	55.55	55.61	55.67	55.73	55.80	55.86	55.92	55.98	56.04	56.11

%	0	0.1	0.2	0.3	0.4	0.5	0.6	0.7	0.8	0.9
69	56.17	56.23	56.29	56.35	56.42	56.48	56.54	56.66	56.60	56.73
70	56.79	56.85	56.91	56.98	57.04	57.10	57.17	57.23	57.29	57.35
71	57.42	57.48	57.54	57.61	57.67	57.73	57.80	57.86	57.92	57.99
72	58.05	58.12	58.18	58.24	58.31	58.37	58.44	58.50	58.56	58.63
73	58.69	58.76	58.82	58.89	58.95	59.02	59.08	59.15	59.21	59.28
74	59.34	59.41	59.47	59.54	59.60	59.67	59.74	59.80	59.87	59.93
75	60.00	60.07	60.13	60.20	60.27	60.33	60.40	60.47	60.53	60.60
76	60.67	60.73	60.80	60.87	60.94	61.00	61.07	61.14	61.21	61.27
77	61.34	61.41	61.48	61.55	61.62	61.68	61.75	61.82	61.89	61.96
78	62.03	62.10	62.17	62.24	62.31	62.37	62.44	62.51	62.58	62.65
79	62.72	62.80	62.87	62.94	63.01	63.08	63.15	63.22	63.29	63.36
80	63.44	63.51	63.58	63.65	63.72	63.79	63.87	63.94	64.01	64.08
81	64.16	64.23	64.30	64.38	64.45	64.52	64.60	64.67	64.75	64.82
82	64.90	64.97	65.05	65.12	65.20	65.27	65.35	65.42	65.50	65.57
83	65.65	65.73	65.80	65.88	65.96	66.03	66.11	66.19	66.27	66.34
84	66.42	66.50	66.58	66.66	66.74	66.81	66.89	66.97	67.05	67.13
85	67.21	67.29	67.37	67.45	67.54	67.62	67.70	67.78	67.86	67.94
86	68.03	68.11	68.19	68.28	68.36	68.44	68.53	68.61	68.70	68.78
87	68.87	68.95	69.04	69.12	69.21	69.30	69.38	69.47	69.56	69.64
88	69.73	69.82	69.91	70.00	70.09	70.18	70.27	70.36	70.45	70.54
89	70.63	70.72	70.81	70.91	71.00	71.09	71.19	71.28	71.37	71.47
90	71.56	71.66	71.76	71.85	71.95	72.05	72.15	72.24	72.34	72.44
91	72.54	72.64	72.74	72.84	72.95	73.05	73.15	73.26	73.36	73.46
92	73.57	73.68	73.78	73.89	74.00	74.11	74.21	74.32	74.44	74.55
93	74.66	74.77	74.88	75.00	75.11	75.23	75.35	75.46	75.58	75.70
94	75.82	75.94	76.06	76.19	76.31	76.44	76.56	76.69	76.82	76.95
95	77.08	77.21	77.34	77.48	77.61	77.75	77.89	78.03	78.17	78.32
96	78.46	78.61	78.76	78.91	79.06	79.22	79.37	79.53	79.69	79.86
97	80.02	80.19	80.37	80.54	80.72	80.90	81.09	81.28	81.47	81.67
98	81.87	82.08	82.29	82.51	82.73	82.96	83.20	83.45	83.71	83.98
99	84.26	84.56	84.87	85.20	85.56	85.95	86.37	86.86	87.44	88.19
100	90.00									

附录 7　相关系数检验表

<table>
<tr><td colspan="5" align="center">$\alpha = 0.05$</td><td colspan="5" align="center">$\alpha = 0.01$</td></tr>
<tr><td rowspan="2">剩余
自由度</td><td colspan="4" align="center">独立自变量个数 k</td><td rowspan="2">剩余
自由度</td><td colspan="4" align="center">独立自变量个数 k</td></tr>
<tr><td>1</td><td>2</td><td>3</td><td>4</td><td>1</td><td>2</td><td>3</td><td>4</td></tr>
<tr><td>1</td><td>0.997</td><td>0.999</td><td>0.999</td><td>0.999</td><td>1</td><td>1.000</td><td>1.000</td><td>1.000</td><td>1.000</td></tr>
<tr><td>2</td><td>0.950</td><td>0.975</td><td>0.983</td><td>0.987</td><td>2</td><td>0.990</td><td>0.995</td><td>0.997</td><td>0.998</td></tr>
<tr><td>3</td><td>0.878</td><td>0.930</td><td>0.950</td><td>0.961</td><td>3</td><td>0.959</td><td>0.976</td><td>0.983</td><td>0.987</td></tr>
<tr><td>4</td><td>0.811</td><td>0.881</td><td>0.912</td><td>0.930</td><td>4</td><td>0.917</td><td>0.949</td><td>0.962</td><td>0.970</td></tr>
<tr><td>5</td><td>0.754</td><td>0.836</td><td>0.874</td><td>0.898</td><td>5</td><td>0.874</td><td>0.917</td><td>0.937</td><td>0.949</td></tr>
<tr><td>6</td><td>0.707</td><td>0.795</td><td>0.839</td><td>0.867</td><td>6</td><td>0.834</td><td>0.886</td><td>0.911</td><td>0.927</td></tr>
<tr><td>7</td><td>0.666</td><td>0.758</td><td>0.807</td><td>0.838</td><td>7</td><td>0.798</td><td>0.855</td><td>0.885</td><td>0.904</td></tr>
<tr><td>8</td><td>0.632</td><td>0.726</td><td>0.777</td><td>0.811</td><td>8</td><td>0.765</td><td>0.827</td><td>0.860</td><td>0.882</td></tr>
<tr><td>9</td><td>0.602</td><td>0.697</td><td>0.750</td><td>0.786</td><td>9</td><td>0.735</td><td>0.800</td><td>0.836</td><td>0.861</td></tr>
<tr><td>10</td><td>0.567</td><td>0.671</td><td>0.726</td><td>0.763</td><td>10</td><td>0.708</td><td>0.776</td><td>0.814</td><td>0.840</td></tr>
<tr><td>11</td><td>0.553</td><td>0.648</td><td>0.703</td><td>0.741</td><td>11</td><td>0.684</td><td>0.753</td><td>0.793</td><td>0.821</td></tr>
<tr><td>12</td><td>0.532</td><td>0.627</td><td>0.683</td><td>0.722</td><td>12</td><td>0.661</td><td>0.732</td><td>0.773</td><td>0.802</td></tr>
<tr><td>13</td><td>0.514</td><td>0.608</td><td>0.664</td><td>0.703</td><td>13</td><td>0.641</td><td>0.712</td><td>0.755</td><td>0.785</td></tr>
<tr><td>14</td><td>0.497</td><td>0.590</td><td>0.646</td><td>0.686</td><td>14</td><td>0.623</td><td>0.694</td><td>0.737</td><td>0.768</td></tr>
<tr><td>15</td><td>0.482</td><td>0.574</td><td>0.630</td><td>0.670</td><td>15</td><td>0.606</td><td>0.677</td><td>0.721</td><td>0.752</td></tr>
<tr><td>16</td><td>0.468</td><td>0.559</td><td>0.615</td><td>0.655</td><td>16</td><td>0.590</td><td>0.662</td><td>0.706</td><td>0.738</td></tr>
<tr><td>17</td><td>0.456</td><td>0.545</td><td>0.601</td><td>0.641</td><td>17</td><td>0.575</td><td>0.647</td><td>0.691</td><td>0.724</td></tr>
<tr><td>18</td><td>0.444</td><td>0.532</td><td>0.587</td><td>0.628</td><td>18</td><td>0.561</td><td>0.633</td><td>0.678</td><td>0.710</td></tr>
<tr><td>19</td><td>0.433</td><td>0.520</td><td>0.575</td><td>0.615</td><td>19</td><td>0.549</td><td>0.620</td><td>0.665</td><td>0.698</td></tr>
<tr><td>20</td><td>0.432</td><td>0.509</td><td>0.563</td><td>0.604</td><td>20</td><td>0.537</td><td>0.608</td><td>0.652</td><td>0.685</td></tr>
<tr><td>21</td><td>0.413</td><td>0.498</td><td>0.522</td><td>0.592</td><td>21</td><td>0.526</td><td>0.596</td><td>0.641</td><td>0.674</td></tr>
<tr><td>22</td><td>0.404</td><td>0.488</td><td>0.542</td><td>0.582</td><td>22</td><td>0.515</td><td>0.585</td><td>0.630</td><td>0.663</td></tr>
<tr><td>23</td><td>0.396</td><td>0.479</td><td>0.532</td><td>0.572</td><td>23</td><td>0.505</td><td>0.574</td><td>0.619</td><td>0.652</td></tr>
<tr><td>24</td><td>0.388</td><td>0.470</td><td>0.523</td><td>0.562</td><td>24</td><td>0.496</td><td>0.565</td><td>0.609</td><td>0.642</td></tr>
<tr><td>25</td><td>0.381</td><td>0.462</td><td>0.514</td><td>0.553</td><td>25</td><td>0.487</td><td>0.555</td><td>0.600</td><td>0.633</td></tr>
<tr><td>26</td><td>0.374</td><td>0.454</td><td>0.506</td><td>0.545</td><td>26</td><td>0.478</td><td>0.546</td><td>0.590</td><td>0.624</td></tr>
<tr><td>27</td><td>0.367</td><td>0.446</td><td>0.498</td><td>0.536</td><td>27</td><td>0.470</td><td>0.538</td><td>0.582</td><td>0.615</td></tr>
<tr><td>28</td><td>0.361</td><td>0.439</td><td>0.490</td><td>0.529</td><td>28</td><td>0.463</td><td>0.530</td><td>0.573</td><td>0.606</td></tr>
<tr><td>29</td><td>0.355</td><td>0.432</td><td>0.482</td><td>0.521</td><td>29</td><td>0.456</td><td>0.522</td><td>0.565</td><td>0.598</td></tr>
<tr><td>30</td><td>0.349</td><td>0.426</td><td>0.476</td><td>0.514</td><td>30</td><td>0.449</td><td>0.514</td><td>0.558</td><td>0.591</td></tr>
<tr><td>35</td><td>0.325</td><td>0.397</td><td>0.445</td><td>0.482</td><td>35</td><td>0.418</td><td>0.481</td><td>0.523</td><td>0.556</td></tr>
</table>

续表

剩余自由度	独立自变量个数 k				剩余自由度	独立自变量个数 k			
	1	2	3	4		1	2	3	4
40	0.304	0.373	0.419	0.455	40	0.393	0.454	0.494	0.526
45	0.288	0.353	0.397	0.432	45	0.372	0.430	0.470	0.501
50	0.273	0.336	0.379	0.412	50	0.354	0.410	0.449	0.479
60	0.250	0.308	0.348	0.380	60	0.325	0.377	0.414	0.442
70	0.232	0.286	0.324	0.354	70	0.302	0.351	0.386	0.413
80	0.217	0.269	0.304	0.332	80	0.283	0.330	0.362	0.389
90	0.205	0.254	0.288	0.315	90	0.267	0.312	0.343	0.368
100	0.195	0.241	0.274	0.300	100	0.254	0.297	0.327	0.351
125	0.174	0.216	0.246	0.269	125	0.228	0.266	0.294	0.316
150	0.159	0.198	0.225	0.247	150	0.208	0.244	0.270	0.290
200	0.138	0.172	0.196	0.215	200	0.181	0.212	0.234	0.253
300	0.113	0.141	0.160	0.176	300	0.148	0.174	0.192	0.208
400	0.098	0.122	0.139	0.153	400	0.128	0.151	0.167	0.180
500	0.088	0.109	0.124	0.137	500	0.115	0.135	0.150	0.162

附录 8 r 与 Z 的换算表

$$Z=\frac{1}{2}\ln\frac{1+r}{1-r}(\text{表内为 } r)$$

Z	r									
	0.00	0.01	0.02	0.03	0.04	0.05	0.06	0.07	0.08	0.09
0.0	0.0000	0.0100	0.0200	0.0300	0.0400	0.0500	0.0599	0.0699	0.0798	0.0898
0.1	0.0997	0.1096	0.1194	0.1293	0.1391	0.1489	0.1586	0.1684	0.1781	0.1877
0.2	0.1974	0.2070	0.2165	0.2260	0.2355	0.2449	0.2543	0.2636	0.2729	0.2821
0.3	0.2913	0.3004	0.3095	0.3185	0.3275	0.3364	0.3452	0.3540	0.3627	0.3714
0.4	0.3800	0.3885	0.3969	0.4053	0.4136	0.4219	0.4301	0.4382	0.4462	0.4542
0.5	0.4621	0.4699	0.4777	0.4854	0.4930	0.5005	0.5080	0.5154	0.5227	0.5299
0.6	0.5370	0.5441	0.5511	0.5580	0.5649	0.5717	0.5784	0.5850	0.5915	0.5980
0.7	0.6044	0.6107	0.6169	0.6231	0.6291	0.6351	0.6411	0.6469	0.6527	0.6584
0.8	0.6640	0.6696	0.6751	0.6805	0.6858	0.6911	0.6963	0.7014	0.7064	0.7114
0.9	0.7163	0.7211	0.7259	0.7306	0.7352	0.7398	0.7443	0.7487	0.7531	0.7574
1.0	0.7616	0.7658	0.7699	0.7739	0.7779	0.7818	0.7857	0.7895	0.7932	0.7969
1.1	0.8005	0.8041	0.8076	0.8110	0.8144	0.8178	0.8210	0.8243	0.8275	0.8306
1.2	0.8337	0.8367	0.8397	0.8426	0.8455	0.8483	0.8511	0.8538	0.8565	0.8591

Z	r									
	0.00	0.01	0.02	0.03	0.04	0.05	0.06	0.07	0.08	0.09
1.3	0.8617	0.8643	0.8668	0.8692	0.8717	0.8741	0.8764	0.8787	0.8810	0.8832
1.4	0.8854	0.8875	0.8896	0.8917	0.8937	0.8957	0.8977	0.8996	0.9015	0.9033
1.5	0.9051	0.9069	0.9087	0.9104	0.9121	0.9138	0.9154	0.9170	0.9186	0.9201
1.6	0.9217	0.9232	0.9246	0.9261	0.9275	0.9289	0.9302	0.9316	0.9329	0.9341
1.7	0.9354	0.9366	0.9379	0.9391	0.9402	0.9414	0.9425	0.9436	0.9447	0.9458
1.8	0.94681	0.94783	0.94884	0.94983	0.95080	0.95175	0.95268	0.95359	0.95449	0.95537
1.9	0.95624	0.95709	0.95792	0.95873	0.95953	0.96032	0.96109	0.96185	0.96259	0.96331
2.0	0.96403	0.96473	0.96541	0.96609	0.96675	0.96739	0.96803	0.96865	0.96926	0.96986
2.1	0.97045	0.97103	0.97159	0.97215	0.97269	0.97323	0.97375	0.97426	0.97477	0.97526
2.2	0.97574	0.97622	0.97668	0.97714	0.97759	0.97803	0.97846	0.97888	0.97929	0.97970
2.3	0.98010	0.98049	0.98087	0.98124	0.98161	0.98197	0.98233	0.98267	0.98301	0.98335
2.4	0.98367	0.98399	0.98431	0.98462	0.98492	0.98522	0.98551	0.98579	0.98607	0.98635
2.5	0.98661	0.98688	0.98714	0.98739	0.98764	0.98788	0.98812	0.98835	0.98858	0.98881
2.6	0.98903	0.98924	0.98945	0.98966	0.98987	0.99007	0.99026	0.99045	0.99064	0.99083
2.7	0.99101	0.99118	0.99136	0.99153	0.99170	0.99186	0.99202	0.99218	0.99233	0.99248
2.8	0.99263	0.99278	0.99292	0.99306	0.99320	0.99333	0.99346	0.99359	0.99372	0.99384
2.9	0.99396	0.99408	0.99420	0.99431	0.99443	0.99454	0.99464	0.99475	0.99485	0.99495

附录 9　F 值表（两尾，方差齐性检验用）

$P = 0.05$（双侧）

df_2	df_1（较大均方的自由度）														
	2	3	4	5	6	7	8	9	10	12	15	20	30	60	∞
1	799	864	899	922	937	948	957	963	969	977	985	993	1001	1010	1018
2	39.0	39.2	39.2	39.3	39.3	39.3	39.4	39.4	39.4	39.4	39.4	39.4	39.5	39.5	39.5
3	16.0	15.4	15.1	14.9	14.7	14.6	14.5	14.5	14.4	14.3	14.2	14.2	14.1	14.0	13.9
4	10.6	9.98	9.60	9.36	9.20	9.07	8.98	8.90	8.84	8.75	8.66	8.56	8.46	8.36	8.26
5	8.43	7.76	7.39	7.15	6.98	6.85	6.76	6.68	6.62	6.52	6.43	6.33	6.23	6.12	6.0
6	7.26	6.60	6.23	5.99	5.82	5.69	5.60	5.52	5.46	5.37	5.27	5.17	5.06	4.96	4.85
7	6.54	5.89	5.52	5.28	5.12	4.99	4.90	4.82	4.76	4.67	4.57	4.47	4.36	4.25	4.14
8	6.06	5.42	5.05	4.82	4.65	4.53	4.43	4.36	4.29	4.20	4.10	4.00	3.89	3.78	3.67
9	5.71	5.08	4.72	4.48	4.32	4.20	4.10	4.03	3.96	3.87	3.77	3.67	3.56	3.45	3.33
10	5.46	4.83	4.47	4.24	4.07	3.95	3.85	3.78	3.72	3.62	3.52	2.42	3.31	3.20	3.08

续表

| df_2 | df_1（较大均方的自由度） | | | | | | | | | | | | | | |
---	2	3	4	5	6	7	8	9	10	12	15	20	30	60	∞
11	5.26	4.63	4.7	4.04	3.88	3.76	3.66	3.59	3.53	3.43	3.33	3.23	3.12	3.00	2.88
12	5.10	4.47	4.12	3.89	3.73	3.61	3.51	3.44	3.37	3.28	3.18	3.07	2.96	2.85	2.72
13	4.96	4.35	4.00	3.77	3.60	3.48	3.39	3.31	3.25	3.15	3.05	2.95	2.84	2.72	2.59
14	4.86	4.24	3.89	3.66	3.50	3.38	3.28	3.21	3.15	3.05	2.95	2.84	2.73	2.61	2.49
15	4.76	4.15	3.80	3.58	3.41	3.29	3.20	3.12	3.06	2.96	2.86	2.76	2.64	2.52	2.39
16	4.69	4.08	3.73	3.50	3.34	3.22	3.12	3.05	2.99	2.89	2.79	2.68	2.57	2.45	2.32
17	4.62	4.01	3.66	3.44	3.28	3.16	3.06	2.98	2.92	2.82	2.72	2.62	2.50	2.38	2.25
18	4.56	3.95	3.61	3.38	3.22	3.10	3.00	2.93	2.87	2.77	2.67	2.56	2.44	2.32	2.19
19	4.51	3.90	3.56	3.33	3.17	3.05	2.96	2.88	2.82	2.72	2.62	2.51	2.39	2.27	2.13
20	4.46	3.86	3.51	3.29	3.13	3.01	2.91	2.84	2.77	2.68	2.57	2.46	2.35	2.22	2.08
21	4.42	3.82	3.47	3.25	3.09	2.97	2.87	2.80	2.73	2.64	2.53	2.42	2.31	2.18	2.04
22	4.38	3.78	3.44	3.21	3.05	2.93	2.84	2.76	2.70	2.60	2.50	2.39	2.27	2.14	2.00
23	4.35	3.75	3.41	3.18	3.02	2.90	2.81	2.73	2.67	2.57	2.47	2.36	2.24	2.11	1.97
24	4.32	3.72	3.38	3.15	2.99	2.87	2.78	2.70	2.64	2.54	2.44	2.33	2.21	2.08	1.93
25	4.29	3.69	3.35	3.13	2.97	2.85	2.75	2.68	2.61	2.51	2.41	2.30	2.18	2.05	1.91
26	4.25	3.67	3.33	3.10	2.94	2.82	2.73	2.65	2.59	2.49	2.39	2.28	2.16	2.03	1.88
27	4.24	3.65	3.31	3.08	2.92	2.80	2.71	2.63	2.57	2.47	2.36	2.25	2.13	2.00	1.85
28	4.22	3.63	3.29	3.06	2.90	2.78	2.69	2.61	2.55	2.45	2.34	2.23	2.11	1.98	1.83
29	4.20	3.61	3.27	3.04	2.88	2.76	2.67	2.59	2.53	2.43	2.32	2.21	2.09	1.96	1.181
30	4.18	3.59	3.25	3.03	2.87	2.75	2.65	2.57	2.51	2.41	2.31	2.19	2.07	1.94	1.79
31	4.16	3.57	3.23	3.01	2.85	2.73	2.63	2.56	2.49	2.40	2.29	2.18	2.06	1.92	1.77
32	4.15	3.56	3.22	2.99	2.84	2.71	2.62	2.54	2.48	2.38	2.27	2.16	2.05	1.90	1.75
33	4.13	3.54	3.20	2.98	2.82	2.70	2.61	2.53	2.47	2.37	2.26	2.15	2.03	1.89	1.73
34	4.12	3.53	3.19	2.97	2.81	2.69	2.59	2.52	2.45	2.35	2.25	2.13	2.01	1.87	1.72
35	4.11	3.52	3.18	2.96	2.80	2.68	2.58	2.50	2.44	2.34	2.23	2.12	2.00	1.86	1.70
36	4.09	3.50	3.17	2.94	2.78	2.66	2.57	2.49	2.43	2.33	2.22	2.11	1.99	1.85	1.69
37	4.08	3.49	3.16	2.93	2.77	2.65	2.56	2.48	2.42	2.32	2.21	2.10	1.97	1.84	1.67
38	4.07	3.48	3.14	2.92	2.76	2.64	2.55	2.47	2.41	2.31	2.20	2.09	1.96	1.82	1.66
39	4.06	3.47	3.13	2.91	2.75	2.63	2.54	2.46	2.40	2.30	2.19	2.08	1.95	1.81	1.65
40	4.05	3.46	3.13	2.90	2.74	2.62	2.53	2.45	2.39	2.29	2.18	2.07	1.94	1.80	1.64
42	4.03	3.45	3.11	2.89	2.73	2.61	2.51	2.43	2.37	2.27	2.16	2.05	1.92	1.78	1.61
44	4.02	3.43	3.09	2.87	2.71	2.59	2.50	2.42	2.35	2.25	2.15	2.03	1.91	1.77	1.60
46	4.00	3.41	3.08	2.86	2.70	2.58	2.48	2.40	2.34	2.24	2.13	2.02	1.89	1.75	1.58
48	3.99	3.40	3.07	2.84	2.68	2.56	2.47	2.39	2.33	2.23	2.12	2.01	1.88	1.73	1.56
50	3.37	3.39	3.05	2.83	2.67	2.55	2.46	2.38	2.32	2.22	2.11	1.99	1.87	1.75	1.54

df_2	df_1（较大均方的自由度）														
	2	3	4	5	6	7	8	9	10	12	15	20	30	60	∞
60	3.92	3.34	3.01	2.79	2.63	2.51	2.41	2.33	2.27	2.17	2.06	1.94	1.81	1.67	1.48
80	3.86	3.28	2.95	2.73	2.57	2.45	2.35	2.28	2.21	2.11	2.00	1.88	1.75	1.60	1.40
120	3.80	3.23	2.89	2.67	2.51	2.39	2.30	2.22	2.16	2.05	1.94	1.82	1.69	1.53	1.31
240	3.75	3.17	2.84	2.62	2.46	2.34	2.24	2.17	2.10	2.00	1.89	1.77	1.63	1.46	1.20
∞	3.69	3.12	2.79	2.57	2.41	2.29	2.19	2.11	2.05	1.94	1.83	1.71	1.57	1.39	1.00

附录 10　常用正交表

表 1　$L_4(2^3)$ 正交表

项目	1	2	3
1	1	1	1
2	1	2	2
3	2	1	2
4	2	2	1

表 2　$L_8(2^7)$ 正交表

项目	1	2	3	4	5	6	7
1	1	1	1	1	1	1	1
2	1	1	1	2	2	2	2
3	1	2	2	1	1	2	2
4	1	2	2	2	2	1	1
5	2	1	2	1	2	1	2
6	2	1	2	2	1	2	1
7	2	2	1	1	2	2	1
8	2	2	1	2	1	1	2

表 3　$L_8(2^7)$ 二列间交互作用表

项目	1	2	3	4	5	6	7
	(1)	3	2	6	4	7	6
		(2)	1	5	7	4	5
			(3)	7	6	5	4
				(4)	1	2	3
					(5)	3	2
						(6)	1
							(7)

表4 $L_8(2^7)$ 表头设计

项目	1	2	3	4	5	6	7
3	A	B	$A \times B$	C	$A \times C$	$B \times C$	
4	A	B	$A \times B$ $C \times D$	C	$A \times C$ $B \times D$	$B \times C$ $A \times D$	D
4	A	B $C \times D$	$A \times B$	C $B \times D$	$A \times C$	D $B \times C$	$A \times D$
5	A $D \times E$	B $C \times D$	$A \times B$ $C \times E$	C $B \times D$	$A \times C$ $B \times E$	D $A \times E$ $B \times C$	E $A \times D$

表5 $L_8(4 \times 2^4)$ 正交表

项目	1	2	3	4	5
1	1	1	1	1	1
2	1	2	2	2	2
3	2	1	1	2	2
4	2	2	2	1	1
5	3	1	2	1	2
6	3	2	1	2	1
7	4	1	2	2	1
8	4	2	1	1	2

表6 $L_8(4 \times 2^4)$ 表头设计

项目	1	2	3	4	5
2	A	B	$(A \times B)1$	$(A \times B)2$	$(A \times B)3$
3	A	B	C		
4	A	B	C	D	
5	A	B	C	D	E

表7 $L_{12}(2^{11})$ 正交表

项目	1	2	3	4	5	6	7	8	9	10	11
1	1	1	1	1	1	1	1	1	1	1	1
2	1	1	1	1	1	2	2	2	2	2	2
3	1	1	2	2	2	1	1	1	2	2	2
4	1	2	1	2	2	1	2	2	1	1	2
5	1	2	2	1	2	2	1	2	1	2	1
6	1	2	2	2	1	2	2	1	2	1	1
7	2	1	2	2	1	1	2	2	1	2	1
8	2	1	2	1	2	2	2	1	1	1	2
9	2	1	1	2	2	2	1	2	2	1	1
10	2	2	2	1	1	1	1	2	2	1	2

续表

项目	1	2	3	4	5	6	7	8	9	10	11
11	2	2	1	2	1	2	1	1	1	2	2
12	2	2	1	1	2	1	2	1	2	2	1

表 8 $L_{16}(2^{15})$ 正交表

项目	1	2	3	4	5	6	7	8	9	10	11	12	13	14	15
1	1	1	1	1	1	1	1	1	1	1	1	1	1	1	1
2	1	1	1	1	1	1	1	2	2	2	2	2	2	2	2
3	1	1	1	2	2	2	2	1	1	1	1	2	2	2	2
4	1	1	1	2	2	2	2	2	2	2	2	1	1	1	1
5	1	2	2	1	1	2	2	1	1	2	2	1	1	2	2
6	1	2	2	1	1	2	2	2	2	1	1	2	2	1	1
7	1	2	2	2	2	1	1	1	1	2	2	2	2	1	1
8	1	2	2	2	2	1	1	2	2	1	1	1	1	2	2
9	2	1	2	1	2	1	2	1	2	1	2	1	2	1	2
10	2	1	2	1	2	1	2	2	1	2	1	2	1	2	1
11	2	1	2	2	1	2	1	1	2	1	2	2	1	2	1
12	2	1	2	2	1	2	1	2	1	2	1	1	2	1	2
13	2	2	1	1	2	2	1	1	2	2	1	1	2	2	1
14	2	2	1	1	2	2	1	2	1	1	2	2	1	1	2
15	2	2	1	2	1	1	2	1	2	2	1	2	1	1	2
16	2	2	1	2	1	1	2	2	1	1	2	1	2	2	1

表 9 $L_{16}(2^{15})$ 二列间交互作用表

项目	1	2	3	4	5	6	7	8	9	10	11	12	13	14	15
1	(1)	3	2	5	4	7	6	9	8	11	10	13	12	15	14
2		(2)	1	6		4	5	10	11	8	9	14	15	12	13
3			(3)	7	6	5	4	11	10	9	8	15	14	13	12
4				(4)	1	2	3	12	13	14	15	8	9	10	11
5					(5)	3	2	13	12	15	14	9	8	11	10
6						(6)	1	14	15	12	13	10	11	8	9
7							(7)	15	14	13	12	11	10	9	8
8								(8)	1	2	3	4	5	6	7
9									(9)	3	2	5	4	7	6
10										(10)	1	6	7	4	5
11											(11)	7	6	5	4
12												(12)	1	2	3
13													(13)	3	2
14														(14)	1

表10 $L_9(3^4)$ 正交表

项目	1	2	3	4
1	1	1	1	1
2	1	2	2	2
3	1	3	3	3
4	2	1	2	3
5	2	2	3	1
6	2	3	1	2
7	3	1	3	2
8	3	2	1	3
9	3	3	2	1

表11 $L_{27}(3^{13})$ 表头设计

项目	1	2	3	4	5	6	7
3	A	B	$(A×B)_1$	$(A×B)_2$	C	$(A×C)_1$	$(A×C)_2$
4	A	B	$(A×B)_1$ $(C×D)_2$	$(A×B)_2$	C	$(A×C)_1$ $(B×D)_2$	$(A×C)_2$

项目	8	9	10	11	12	13
3	$(B×C)1$	D	$(A×D)1$	$(B×C)2$	$(B×D)1$	$(C×D)1$
4	$(B×C)1$ $(A×D)2$		$(A×D)1$	$(B×C)2$		

附录11 随机数字表

编号	1	2	3	4	5	6	7	8	9	10	11	12	13	14	15	16	17	18	19	20
1	25	19	64	82	84	62	74	29	92	24	61	3	91	22	48	64	94	63	15	7
2	23	2	41	46	4	44	31	52	43	7	44	6	3	9	34	19	83	94	62	94
3	55	85	66	96	28	28	30	62	58	83	65	68	62	42	45	13	8	60	46	28
4	68	45	19	69	59	35	14	82	56	80	22	6	52	26	39	59	78	98	76	14
5	69	31	46	29	85	18	88	26	95	54	1	2	14	3	5	48	0	26	43	85
6	37	31	61	28	98	94	61	47	3	10	67	80	84	41	26	88	84	59	69	14
7	66	42	19	24	94	13	13	38	69	96	76	69	76	24	13	43	83	10	13	24
8	33	65	78	12	35	91	59	11	38	44	23	31	48	75	74	5	30	8	46	32
9	76	32	6	19	35	22	95	30	19	29	57	74	43	20	90	20	25	36	70	69
10	43	33	42	2	59	20	39	84	95	61	58	22	4	2	99	99	78	78	83	82
11	28	31	93	43	94	87	73	19	38	47	54	36	90	98	10	83	43	32	26	26
12	97	19	21	63	34	69	33	17	3	2	11	15	50	46	8	42	69	60	17	42

编号	1	2	3	4	5	6	7	8	9	10	11	12	13	14	15	16	17	18	19	20
13	82	80	37	14	20	56	39	59	89	63	33	90	38	44	50	78	22	87	10	88
14	3	68	3	13	60	64	13	9	37	11	86	2	57	41	99	31	66	60	65	64
15	65	16	58	11	1	98	78	80	63	23	7	37	66	20	56	20	96	6	79	80
16	24	65	58	57	4	18	62	85	28	24	26	45	17	82	76	39	65	1	73	91
17	2	72	64	7	75	85	66	48	38	73	75	10	96	59	31	48	78	0	8	88
18	79	16	78	63	99	43	61	0	66	42	76	26	71	14	33	38	86	76	71	65
19	4	75	14	93	39	68	52	16	83	34	64	9	44	62	58	48	2	72	26	95
20	40	64	64	57	60	97	0	12	91	33	22	14	73	1	11	83	97	68	5	65
21	6	27	7	34	26	1	52	48	69	57	19	17	53	55	96	2	41	3	89	33
22	62	40	3	87	10	96	88	22	46	94	35	56	60	94	20	60	73	4	84	98
23	0	98	48	18	97	91	51	63	27	95	74	25	84	3	7	88	29	4	79	84
24	50	61	19	18	91	98	55	83	46	9	49	66	41	12	45	11	49	36	83	43
25	38	54	52	25	78	1	98	0	89	85	86	12	22	89	25	10	10	71	19	45
26	46	86	80	97	78	65	12	64	64	70	58	41	5	49	8	68	68	88	54	0
27	90	72	92	93	10	9	12	81	93	63	69	30	2	4	26	92	26	48	69	45
28	66	21	41	77	60	99	35	72	61	22	52	40	74	67	29	97	50	71	39	79
29	87	5	46	52	76	89	96	34	22	37	27	11	57	4	19	57	96	8	36	69
30	46	90	61	3	6	89	85	33	22	80	34	89	12	29	37	44	71	38	40	37
31	11	88	53	6	9	81	83	33	98	29	91	27	59	43	9	70	72	51	49	73
32	11	5	92	6	97	68	82	34	8	83	25	40	58	40	64	56	42	78	54	6
33	33	94	24	20	28	52	42	7	12	63	34	39	2	92	31	80	61	68	14	19
34	24	89	74	75	61	61	2	73	36	85	67	28	50	49	85	37	79	95	2	66
35	15	19	74	67	23	61	38	93	73	68	76	23	15	58	20	35	36	82	82	59
36	5	64	12	70	88	80	58	35	6	88	73	48	27	39	43	43	40	13	35	45
37	57	49	36	44	6	74	93	55	39	26	27	70	98	76	68	78	36	26	24	6
38	77	82	96	96	97	60	42	17	18	48	16	34	92	19	52	98	84	48	42	92
39	24	10	70	6	51	59	62	37	95	42	53	67	14	95	29	84	65	43	7	30
40	50	0	7	78	23	49	54	36	85	14	18	50	54	18	82	23	79	80	71	37

◆ 参考文献 ◆

[1] Kim B J，Park T，Moon H C，et al. Cytoprotective alginate/polydopamine core/shell microcapsules in microbial encapsulation [J]. Angew. Chem. Int. Ed. 2014，53（52）：14443-14446.

[2] Jiang N，Yang X Y，Ying G L，et al. "Self-repairing" nanoshell for cell protection [J]. Chem. Sci，2015，6（1）：486-491.

[3] 蔡明招. 实用工业分析 [M]. 广州：华南理工大学出版社，1999.

[4] 曹菊生，魏国强. 概率统计与数据处理 [M]. 2版. 苏州：苏州大学出版社，2016.

[5] 陈峰. 现代医学统计方法与 Stata 应用 [M]. 北京：中国统计出版社，1999.

[6] 陈国松，张莉莉. 分析化学 [M]. 南京：南京大学出版社，2014.

[7] 陈林林. 食品试验设计与数据处理 [M]. 北京：中国轻工业出版社，2017.

[8] 陈庆富. 生物统计学 [M]. 北京：高等教育出版社，2011.

[9] 陈青山，顾大勇. Excel 统计分析 [M]. 广州：暨南大学出版社，2012.

[10] 程水生，崔保安，陈光华. 兽医实验动物学 [M]. 北京：中国农业出版社，2012.

[11] 戴维 R 安德森. 商务与经济统计 [M]. 精要版原书 7 版. 北京：机械工业出版社，2016.

[12] 戴灼华，王亚馥. 遗传学 [M]. 2版. 北京：高等教育出版社，2008.

[13] 杜荣骞. 生物统计学 [M]. 北京：高等教育出版社，1985.

[14] 杜荣骞. 生物统计学 [M]. 2版. 北京：高等教育出版社，1999.

[15] 杜双奎. 食品实验优化设计 [M]. 北京：中国轻工业出版社，2011.

[16] 方积乾. 生物医学研究的统计方法 [M]. 北京：高等教育出版社，2007.

[17] 方积乾. 医学统计学与电脑实验 [M]. 3版. 上海：上海科学技术出版社，2006.

[18] 方萍. 试验设计与统计分析 [M]. 北京：中国农业出版社，2014.

[19] 费勤贵，温秋根. 工程技术统计 [M]. 北京：中国水利水电出版社，1998.

[20] 盖钧镒. 试验统计方法 [M]. 北京：中国农业出版社，2000.

[21] 高祖新. 医药数理统计 [M]. 3版. 北京：中国医药科技出版社，2017.

[22] 葛宜元. 试验设计方法与 Design-Expert 软件应用 [M]. 哈尔滨：哈尔滨工业大学出版社，2015.

[23] 郭平毅. 生物统计学 [M]. 北京：中国林业出版社，2006.

[24] 郝元涛，邱洪斌. 医学统计学 [M]. 北京：北京大学医学出版社，2013.

[25] 贺银成. 2018 国家临床执业助理医师资格考试辅导讲义 [M]. 北京：国家开放大学出版社，2018.

[26] 洪立基. 卫生统计学 [M]. 南京：东南大学出版社，1994.

[27] 胡还忠. 医用机能学实验教材 [M]. 武汉：湖北科学技术出版社，2004.

[28] 蒋家东. 统计过程控制 [M]. 北京：中国计量出版社，2011.

[29] 金丕焕. 医用统计方法 [M]. 2版. 上海：复旦大学出版社，2003.

[30] 金益. 试验设计与统计分析 [M]. 北京：中国农业出版社，2007.

[31] 孔繁玲. 田间试验与统计方法 [M]. 北京：中央广播电视大学出版社，1991.

[32] 李安平，杨大伟. 食品实验设计与分析 [M]. 武汉：华中科技大学出版社，2016.

[33] 李春喜，姜丽娜，邵云. 生物统计学 [M]. 5版. 北京：科学出版社，2013.

[34] 李发永，孙亮. 化工原理实验指导 [M]. 东营：石油大学出版社，2001.

[35] 李学如，涂俊铭. 发酵工艺原理与技术 [M]. 武汉：华中科技大学出版社，2014.

[36] Gary Christian. 分析化学 [M]. 7 版. 李银环, 等译. 上海: 华东理工大学出版社, 2017.

[37] 李云雁. 试验设计与数据处理 [M]. 3 版. 北京: 化学工业出版社, 2017.

[38] 李云雁. 试验设计与数据处理 [M]. 2 版. 北京: 化学工业出版社, 2011.

[39] 廖飞. 概率论与数理统计 [M]. 北京: 北京交通大学出版社, 2013.

[40] 林德光. 生物统计的数学原理 [M]. 沈阳: 辽宁人民出版社, 1982.

[41] 刘安芳, 伍莲. 生物统计学 [M]. 重庆: 西南师范大学出版社, 2013.

[42] 刘朝荣. 试验的设计与分析 [M]. 武汉: 湖北科学技术出版社, 1990.

[43] 刘后平, 王丽英. 统计学 [M]. 大连: 东北财经大学出版社, 2015.

[44] 刘明辉. 试验设计和分析 [M]. 北京: 气象出版社, 1998.

[45] 刘振学, 黄仁和, 田爱民. 实验设计与数据处理 [M]. 北京: 化学工业出版社, 2005.

[46] 陆建身, 赖麟. 生物统计学 [M]. 北京: 高等教育出版社, 2003.

[47] 罗旭. 化学统计学基础 [M]. 沈阳: 辽宁人民出版社, 1985.

[48] 孟宪勇, 王晶, 刘彭. 生物统计学 [M]. 北京: 海洋出版社, 2016.

[49] 明道绪. 生物统计附试验设计 [M]. 北京: 中国农业出版社, 2008.

[50] 倪海儿. 生物试验设计与分析 [M]. 北京: 科学出版社, 2013.

[51] 钱学成, 乔宽元. 技术学手册 [M]. 上海: 上海科学技术文献出版社, 1994.

[52] 邱明, 钱亚明. 摩擦学原理与设计 [M]. 北京: 国防工业出版社, 2013.

[53] 山东省昌潍农业专科学校, 广西壮族自治区农业学校. 作物遗传与育种学 第 5 分册 田间试验和生物统计 [M]. 北京: 农业出版社, 1987.

[54] 山东省水产学校. 水产生物统计 [M]. 北京: 农业出版社, 1990.

[55] 申杰, 王净净. 医学科研思路与方法 [M]. 北京: 中国中医药出版社, 2016.

[56] 石玲, 刘立义, 龚敏勇, 等. 幽门螺杆菌感染与原发性肝癌发生发展的关系 [J]. 世界华人消化杂志, 2014, 22 (34): 5266-5272.

[57] 宋素芳, 秦豪荣, 赵聘. 生物统计学 [M]. 北京: 中国农业大学出版社, 2008.

[58] 宋素芳, 赵聘. 生物统计附试验设计 [M]. 郑州: 河南科学技术出版社, 2007.

[59] 孙炳耀, 白雁. 分析化学 上 [M]. 开封: 河南大学出版社, 1993.

[60] 孙国正, 杜先能. 概率论与数理统计 [M]. 合肥: 安徽大学出版社, 2004.

[61] 孙静娟. 统计学 [M]. 北京: 清华大学出版社, 2015.

[62] 孙培勤, 等. 实验设计数据处理与计算机模拟 [M]. 郑州: 河南科学技术出版社, 2001.

[63] 孙向东, 王幼明. 兽医统计学 [M]. 北京: 中国农业出版社, 2016.

[64] 唐湘晋, 陈家清, 毛树华. 应用数理统计 [M]. 武汉: 武汉工业大学出版社, 2013.

[65] 天津大学分析化学研究室. 实用分析化学 [M]. 天津: 天津大学出版社, 1995.

[66] 王宝山. 试验统计方法 [M]. 北京: 中国农业出版社, 2008.

[67] 王丙参, 等. 运筹学 [M]. 成都: 西南交通大学出版社, 2015.

[68] 王洪濮. 管理数学基础知识 [M]. 南京: 南京大学出版社, 1990.

[69] 王景英. 简明教育统计学 [M]. 长春: 吉林人民出版社, 1992.

[70] 王丽雪. 果树试验与统计 [M]. 北京: 中国农业出版社, 1995.

[71] 王连昌, 赵丽娟. 医用高等数学 [M]. 西安: 第四军医大学出版社, 2004.

[72] 王钦德, 杨坚. 食品试验设计与统计分析 [M]. 北京: 中国农业大学出版社, 2003.

[73] 王青宁. 实验研究的技能与方法 [M]. 成都: 西南交通大学出版社, 2007.

[74] 王树禾, 侯定丕. 经济与管理科学中的数学模型 [M]. 合肥: 中国科学技术大学出版社, 2000.

[75] 王涛, 曲昭仲. 统计学原理 [M]. 2 版. 北京: 中国财政经济出版社, 1998.

[76] 王燕, 安琳. 卫生统计学 [M]. 北京: 北京大学医学出版社, 2009.

[77] 吴学森. 医学统计学 [M]. 北京: 中国医药科技出版社, 2016.

[78] 吴智慧. 科学研究方法 [M]. 北京: 中国林业出版社, 2012.

[79] 吴仲贤. 生物统计 [M]. 北京: 北京农业大学出版社, 1993.

[80]　谢和芳. 生物试验设计 畜牧版 [M]. 重庆：西南师范大学出版社，2013.

[81]　徐明达. 创新型 QC 小组活动指南 实施·推进·创新·评价 [M]. 北京：东方出版社，2008.

[82]　徐天和，田考聪. 中华医学统计百科全书　描述性统计分册 [M]. 北京：中国统计出版社，2012.

[83]　许晓文. 定量化学分析 [M]. 3 版. 天津：南开大学出版社，2016.

[84]　严拯宇. 分析化学 [M]. 南京：东南大学出版社，2015.

[85]　颜素容，崔红新. 概率统计基础 [M]. 北京：国防工业出版社，2011.

[86]　杨持. 生物统计学 [M]. 呼和浩特：内蒙古大学出版社，2008.

[87]　杨娟，李横江，曾小华. 普通化学 [M]. 北京：化学工业出版社，2017.

[88]　杨柳清，黄贺梅. 预防医学基础 [M]. 2 版. 武汉：华中科技大学出版社，2016.

[89]　杨永年，等. 生物统计与害虫测报 [M]. 长春：东北师范大学出版社，1991.

[90]　叶冬青. 临床流行病学 [M]. 合肥：安徽大学出版社，2010.

[91]　叶仁道，刘干，薛洁. 统计学 [M]. 西安：西安电子科技大学出版社，2016.

[92]　于培彦. 应用概率统计 [M]. 北京：清华大学出版社，2013.

[93]　张春华，周永治. 数理统计方法 [M]. 济南：山东大学出版社，1992.

[94]　张德培，罗蕴玲. 应用概率统计 [M]. 北京：高等教育出版社，2000.

[95]　张桂荣. 生物统计发展与应用 [M]. 北京：中国农业科学技术出版社，2009.

[96]　张恒弼，等. 中药现代研究与开发 [M]. 北京：中国科学技术出版社，2010.

[97]　张兰桐. 药物分析 [M]. 北京：中央广播电视大学出版社，2002.

[98]　张凌主. 分析化学 上 [M]. 北京：中国中医药出版社，2016.

[99]　张铁山. 汽车试验学 [M]. 北京：国防工业出版社，2014.

[100]　张卫国. 管理统计学 [M]. 广州：华南理工大学出版社，2014.

[101]　张新平，封善飞，洪祥挺. 材料工程实验设计及数据处理 [M]. 北京：国防工业出版社，2013.

[102]　张元主. 田间试验与生物统计 [M]. 长春：东北师范大学出版社，1986.

[103]　张忠明. 材料科学中的试验设计与分析 [M]. 北京：机械工业出版社，2012.

[104]　张佐栋. 课题设计与数理统计 [M]. 铁道部卫生局卫生防疫处，1982.

[105]　赵文若，李新江，包岩. 生物统计学 [M]. 长春：吉林大学出版社，2016.

[106]　赵玉霞，冯慧芬，赵秋民. 卫生统计基础与护理科研 [M]. 郑州：郑州大学出版社，2015.

[107]　郑章元. 应用概率统计 [M]. 南京：南京师范大学出版社，1999.

[108]　中公教育医疗卫生系统考试研究院. 公共卫生管理专业知识 [M]. 北京：世界图书北京出版公司，2015.

[109]　周红. 药理学实验指导 [M]. 北京：中国医药科技出版社，2016.

[110]　周剑平. Origin 实用教程 7.5 版. [M]. 西安：西安交通大学出版社，2007.

[111]　祝国强. 医药数理统计方法 [M]. 北京：高等教育出版社，2004.

[112]　庞超明，黄弘. 试验方案优化设计与数据分析 [M]. 南京：东南大学出版社，2018.